世界植物記

アフリカ・南アメリカ編

WORLD
FLOWERS
Africa, South America
Kihara Hiroshi

木原 浩

平凡社

主要参考文献

全地域
週刊朝日百科・植物の世界1号～144号, 1994-1997, 朝日新聞社
週刊朝日百科・植物の世界別冊・キノコの世界1号～5号, 1997, 朝日新聞社
孤島の生物たち―ガラパゴスと小笠原, 1994, 小野幹雄, 岩波書店
世界の食虫植物, 2003. 食虫植物研究会編, 誠文堂新光社
誰も見なかった楽園 PARADISE UNKNOWN―世界野生植物紀行, 1990, 吉田彰, 草土出版
世界のワイルドフラワーⅠ・Ⅱ, 2003-2004, 大場秀章監修・冨山稔写真, 学習研究社
植物の私生活, 1998, デービッド・アッテンボロー, 門田裕一監訳・手塚勲・小堀民惠訳, 山と溪谷社
園芸植物大事典・コンパクト版全3巻, 1994, 小学館
世界有用植物事典, 1989, 平凡社
花たちのふるさと, 2000, 冨山稔, 河出書房新社
世界花の旅1～3, 1990-1991, 朝日新聞日曜版世界花の旅取材班, 朝日新聞社
花の王国・第4巻・珍奇植物, 1990, 荒俣宏, 平凡社

ソコトラ島／イエメン共和国
世にも不思議なソコトラ島, 2010, 新開正・新開美津子, 彩図社
Anthony G. Miller & Miranda Morris, 2004, Ethnoflora of the Soqotra Archipelago, The Royal Botanic Garden Edinburgh
The exhibition catalogue, 2006, Soqotra Land of the Dragon's Blood Tree, Royal Botanic Garden Edinburgh
Joël Lodé, 2010, Succulent plants of Socotra

ケニア山／ケニア共和国
A. D. Q. Agnew & Shirley Agnew, 1995, Upland Kenya Wild Flowers, East Africa Natural History Society
Michael Blundell, 1987, Wild Flowers of East Africa, Harper Collins Publishers

ナミブ砂漠／ナミビア共和国
Patricia Craven, 1999, A Checklist of Namibian Plant Species, Southern African Botanical Diversity Network
Gerald Cubitt & Peter Joyce, 1992, This is Namibia, New Holland Publishers
Patricia Craven & Christine Marais, 1986, Namibia Flora, Gamsberg Macmillan Publishers
Patricia Craven & Christine Marais, 1992, Damaraland Flora, Gamsberg Macmillan Publishers

ケープ地方／南アフリカ共和国
John Manning, 1999, Wild Flowers of Southern Africa, Struik Publishers
Ernst van Jaarsveld, Ben-Erik van Wyk & Gideon Smith, 2000, Succulents of South Africa, Tafelberg Publishers
Richard Cowling, Shirley Pierce & Colin Paterson-Jones, 1999, Namaqualand A Succulent Desert, Fernwood Press
Braam van Wyk & Piet van Wyk, 1997, Field Guide to Trees of Southern Africa, Struik Publishers
John Manning and others, 1988-1999, South African Wildflower Guide series 1-10, The Botanical Society of South Africa

マダガスカル島／マダガスカル共和国
Werner Rauh, 1995・1998, Succulent and Xerophytic plants of Madagascar, Vol.1-2, Strawberry Press
Phillip Cribb & Johan Hermans, 2009, Field Guide to the Orchids of Madagascar, Kew Publishing
マダガスカル異端植物紀行, 1995, 湯浅浩史, 日経サイエンス
バオバブ―ゴンドワナからのメッセージ, 1997, 近藤典生編著・㈶進化生物学研究所・東京農業大学育種学研究所, 信山社
生きぬく―乾燥地の植物たち, 2003, 淡輪俊監修・㈶進化生物学研究所・東京農業大学農業資料室, 信山社

パタゴニア／チリ共和国・アルゼンチン共和国
Osvaldo Vidal O., Flora Torres del Paine, Editorial Fantástico
Marcela Ferreyra, Cecilia Ezcurra & Sonia Clayton, 2006, High Mountain Flowers of the Patagonian Andes, Editorial LOLA
Maria Luisa & Norberto Bolzón, 2005, Patagonia and Antarctica, Life and Color, AVES ARGENTINAS/AOP
Claudia Guerrido & Damian Fernandez, 2007, Flora Patagonia, Editorial Fantastico Sur Birding Ltda.
Daniel Barthélémy, Cecilia Brion & Javier Puntieri, 2008, Plantas・Plants Patagonia, Vasquez Mazzini
Gladys Garay & Oscar Guineo, 2006, Torres del Paine Fauna, Flora and Mountains

ブランカ山群／ペルー共和国
Helen Kolff & Kees Kolff, 2005, Wildflowers of the Cordillera Blanca, The Mountain Institute
インカの野生蘭, 2006, 高野潤, 新潮社

ギアナ高地／ベネズエラ・ボリバル共和国
ギアナ高地―The Lost World, 1989, 関野吉晴, 講談社

[凡例]
● 学名や植物の並べは、基本的に1964年の新エングラー体系に基づいています。
● 地名は「世界大地図帳」(平凡社)を基準にし、掲載されていない場合は、現地での読みになるべく近い表記にしました。

まえがき

　子供の頃から自然の中で遊ぶのが好きだった。家は東京の中心から少し外れた杉並区にあり、周辺にはまだ雑木林や池、川があった。今では雑木林は柵で囲まれ、池や川はコンクリートの護岸で固められてしまっているが、当時は、近くの雑木林に行けばカブトムシ、クワガタなどが捕れ、池や川ではザリガニ、タナゴ、トンボ捕りなどができた。そんな遊びに明け暮れていた小学校3年の春、父親の転勤で高知県へ移り住むことになった。東京駅から夜汽車に乗り込んだときの、東京を離れることの寂しさは今でも覚えている。車中、夜中にふと目覚めると、4月というのに窓の外が雪景色で、その荒涼とした景色にいっそう不安が募った。

　そんな気持ちは高知到着後すぐに消えた。めくるめく、そして充実した忙しい日々が新しい学校に転入したその日の放課後から始まったのである。小学校の裏手には田んぼや畑が広がり、その間に小川が流れ、遠くに見える土手を越えると広い河原があり、河原の真ん中に大きな川が流れていた。東京と高知の桁違いの自然の有り様だった。放課後になると、東京からやってきた「坊ちゃん」を、同級生たちは物珍しさからか、次々と彼らのとっておきの遊び場（多くの場合、狩り場）に連れて行ってくれた。

　小川の堰堤では、数時間でバケツ一杯のフナ、ナマズ、ウナギなどが釣れた。池の周辺では、トンボ釣り。水中にうごめくミズカマキリやタイコウチなどの水中昆虫も初めて見るものだった。河原でのオイカワ釣り、沼に潜って採ったヒシの実はサクサクとした酸味のある味がおいしかった。少し遠出しての海辺の河口でのハゼ釣り、カニ捕り。裏山では、今では禁止されているカスミ網を使ってメジロ、ホオジロなどの小鳥を捕える毎日、日が暮れるまで遊んだ日々が夢のようだ。

　そんな日々が4〜5年続いたように思えるのだが、実際にはたった1年と1カ月だった。この経験で、自分の居場所を変えることによって、見えるものはもちろん、生活、考え方が変化することを知り、自然の中に身を置くことの楽しさ、心地よさを体で覚えてしまった。

　今、こうして写真家として生活をしているが、原点をたどれば、「自然の中に身を置きながらできる仕事」をしたいという思いから出発している。そうして、師に恵まれ、運も手伝い、今日に至っている。

　世界への旅は、私の中ではごく自然な流れから始まった。取材で日本中、ほぼ隈なく回り、山にも登り、海にも行き、撮影した。そして、その延長線として、行ってみたい場所、見たい植物が、世界に広がったのである。（木原浩）

　ある日、木原から長いトレッキングに誘われた。ネパールヒマラヤの奥地に咲く巨大なセーター植物を2人で見に行こうという。私が僻地への旅が好きなことを知っての誘いである。何か引っかかるものがあったが行くことにした。その何かがはっきりしたのは準備に忙しい出発1週間前のこと。行きたくない、という考えが頭を占めて離れなくなった。ネパールのトレッキングは経験済みだが、2人でというのは初めて。これでは生活も仕事も一緒の東京と変わらない。出発が迫るにつれ、どんどん気が重くなっていった。

　とはいっても、やめることはできないので予定通り出かけていったが、このトレッキングは初めからすんなりといかなかった。シェルパの人たちと合流し、四輪駆動車で標高2500㍍の出発点へ向かい走り出してすぐに、前に進めなくなってしまった。大雨により道が寸断されていたのである。この旅はもう終わりだね、とシェルパ頭の顔に書いてある。そうはいかないので、別ルートを探して他の町まで飛び、ほぼ平地から再出発することにした。ポーターの人たちの背負い荷の大騒動が終わり、スタートしてからも、次々に問題が起こった。でも、私は楽しかった。道中は2人きりではなく、シェルパやポーターの人たちが加わって日々が異文化交流である。村を通れば村の人たちとの触れあいもある。難局を切り抜けることも、子供の頃夢見た冒険みたいだった。そうして、何日も何日も歩き登ってたどり着いた先には、見たこともない不思議な花が咲いており、澄んだ空の下に美しい風景が広がっていた。そして、この旅をきっかけに、辺境への旅に同行するようになった。

　花には生育地と花期があるので、目的の花に出合うには、入念な下調べの上に、現地の情報を持ったガイドが欠かせない。さまざまな方法で探し、初めて会う人に旅の行方をゆだねる。木原が興味をもった巨大、世界一、奇妙な植物たちはほとんどが簡単にはたどり着けない僻地、辺境に生えている。高山、氷河の末端、砂漠、孤島など。このような場所では最初、ガイドの人たちの多くはリスクを避け、無難に旅を終えることに心を砕いているように見える。しかし、ある時を過ぎると彼らの態度が変わることに気づいた。早朝から夕方、時には深夜まで、木原が目的の植物に向き合って撮影し続ける姿に接するうち、協力を惜しまないようになるのである。こうして、撮影は成功裏に終わる。

* * *

　旅を始めたのは20年ほど前からで、その間に写真はデジタルが主流になり、出版事情も大きく変わって難しい状況になりました。このような時代に、本書を出版することができたのは、たくさんの方々の寛容なご助力以外にはありません。感謝してもしきれない思いでおります。そして、木原浩さん、たくさんの面白い旅をありがとう。（木原久美子）

CONTENTS

図はF. Mattik（1964年）に拠る。
Ⅰ～Ⅵは区系界、1～43は下位区分の区系区を示している。

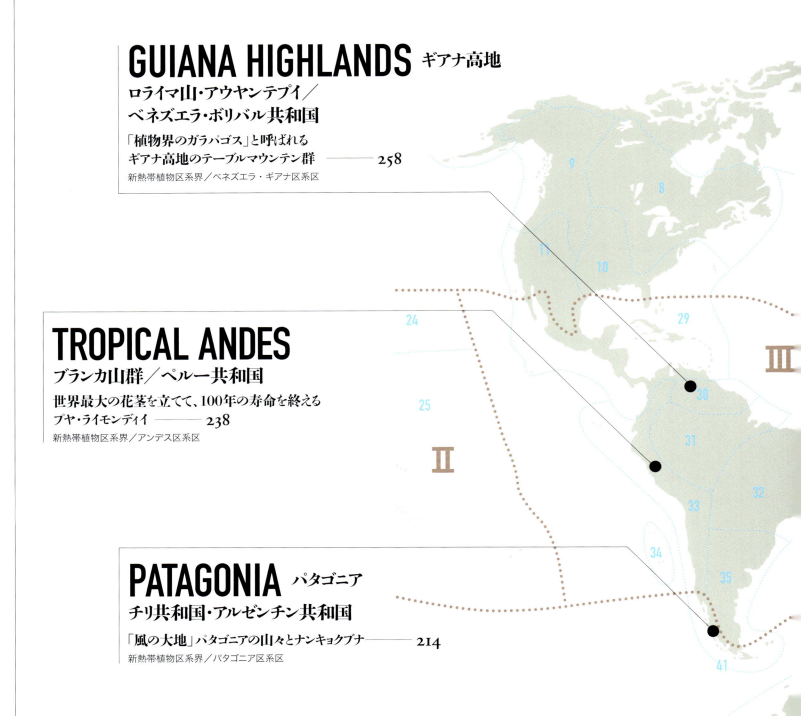

GUIANA HIGHLANDS ギアナ高地
ロライマ山・アウヤンテプイ／
ベネズエラ・ボリバル共和国
「植物界のガラパゴス」と呼ばれる
ギアナ高地のテーブルマウンテン群 —— 258
新熱帯植物区系界／ベネズエラ・ギアナ区系区

TROPICAL ANDES
ブランカ山群／ペルー共和国
世界最大の花茎を立てて、100年の寿命を終える
プヤ・ライモンディイ —— 238
新熱帯植物区系界／アンデス区系区

PATAGONIA パタゴニア
チリ共和国・アルゼンチン共和国
「風の大地」パタゴニアの山々とナンキョクブナ —— 214
新熱帯植物区系界／パタゴニア区系区

CAPELAND ケープ地方
ナマクアランド・リヒタスフェルト／南アフリカ共和国
6000種に及ぶ植物が生育する驚きの南アフリカ・ケープ地方 —— 088
ケープ植物区系界／ケープ区系区

NAMIB DESERT ナミブ砂漠／ナミビア共和国

ウェルウィッチア。ナミブ砂漠の不思議植物、別名は「奇想天外」——— 068

旧熱帯植物区系界／南アフリカ移行区系区

SOCOTRA ソコトラ島／イエメン共和国

ボトルツリーとドラゴンツリー「インド洋のガラパゴス」——— 006

旧熱帯植物区系界／北東アフリカ高原及びステップ区系区

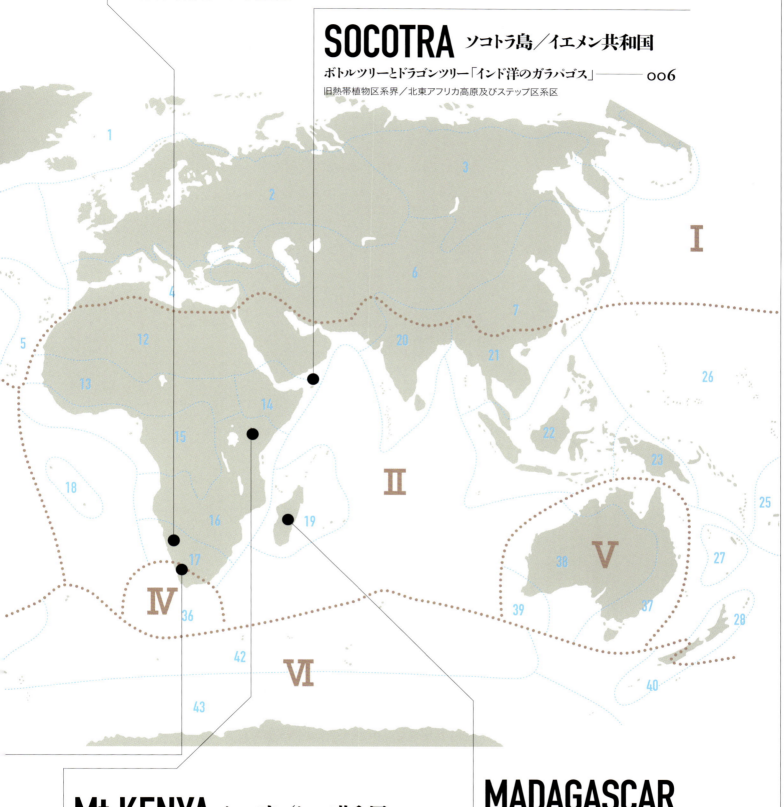

Mt.KENYA ケニア山／ケニア共和国

氷河末端を埋めつくす謎の巨大植物！
ジャイアント・セネキオとジャイアント・ロベリア——— 046

旧熱帯植物区系界／東アフリカステップ区系区

MADAGASCAR マダガスカル島／マダガスカル共和国

マダガスカル。植物をはじめ、見るもの、
出合うものすべてが「不思議の国」——— 134

旧熱帯植物区系界／南アフリカ諸島区系区

SOCOTRA

イエメン共和国
ソコトラ島

ホムヒル。ドラゴンツリー(竜血樹)の群生地ハマデロ山を1時間ほど登ったところで、岩壁に行く手をはばまれた。見上げると、尾根上で枝を広げたドラゴンツリーがこちらを見下ろすように立っていた

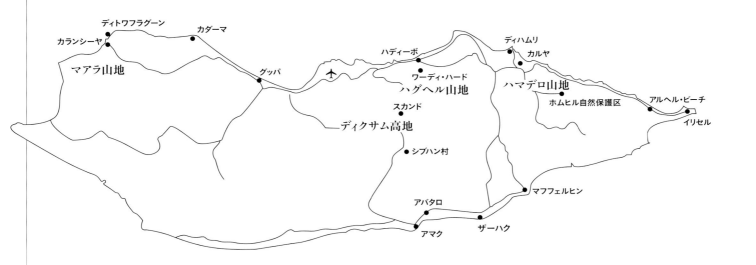

ボトルツリーとドラゴンツリー 「インド洋のガラパゴス」

　ソコトラ島はインド洋の西端、アデン湾の出口辺りに浮かぶ、東西130㌔、南北40㌔ほどの大きな島である。中央部には標高1500㍍クラスの山々が東西に連なり、アフリカ大陸から吹く夏の強い季節風を遮っている。そのため、島の南と北では異なる環境が作られた。年間降雨量は平均200㍉と極端に少なく、大地は乾燥しきっている。アラビア半島南端のイエメン共和国に属しているが、本土とは異なる風土や生活習慣をもっている。

　この島の存在を知ったのは十数年前。青空を背景に赤い花を咲かせたボトルツリーの写真を見たとき、強く引きつけられ、見てみたいと思った。すぐに行こうとしたのだが、当時、島への交通手段は本土イエメンからの船しかなく、海が荒れれば、数カ月欠航することもあるという。その上、海を隔てた隣国のソマリアを拠点とする海賊が出没しはじめていた。やむなくあきらめるしかなかった。

　ようやく訪れることができたのは2010年。2008年に島が世界自然遺産に登録され、島への航空便がほぼ毎日運航されるようになったからである。花の季節の2月、2週間にわたって、島中を四輪駆動車で走り回り、トレッキングをし、深い渓谷や砂漠、美しい白砂の浜辺を歩いた。

　2011年もまた2月中旬から3月上旬、ソコトラ島を訪れた。島は変わらず、のどかで平和だったが、イエメン本土で広がっていた反政府デモが激しさを増し、日本大使館の退避勧告に追われるようにソコトラ島を後にした。

ホムヒル自然保護区のキャンプ場。岩屋のような休憩場に腰を下ろすと、小さな谷をはさんだハマデロ山の山肌全体に、まるでキノコが生えるように、ドラゴンツリーが林立していた

イエメン共和国●ソコトラ島

ホムヒル。ドラゴンツリー(竜血樹)を真下から見上げると、まるで太い血管が絡み合っているようで、その姿は異形としかいいようがなかった。枝がうねうねと伸びて傘状になった樹冠は直径10㍍ほどもある

シブハン村。ドラゴンツリー（竜血樹）の絡み合って伸びる枝と枝の先端の新葉が、幾何学的な美しさを見せていた

イエメン共和国●ソコトラ島

スカンド。深い霧の中から突然現れたドラゴンツリー（竜血樹）。まるで古生代の世界に紛れ込んだような、あるいはどこか地球外にいるような気分になった

シブハン村。真夜中にテントを這い出ると満天の星。月明かりもなく、ライトもつけずに漆黒のなかを歩き回っていると、暗さに目が慣れたのか、ドラゴンツリーに気づいた

ドラゴンツリー（竜血樹）

　写真などからその異形を知っていたにもかかわらず、実際に初めて見たとき、おもわず「なんだこりゃ！」と驚いてしまった。長い間、日本や海外で植物の写真を撮ってきて、さまざまな木に出合ったが、こんな木は見たことがない。さらに間近に寄って見上げると、血脈のようにくねくねと曲がった太い枝が絡み合うように伸びている。それは植物というより動物そのもので、その重量感と不思議さに、しばらくその場を離れることができなかった。

　島の人たちにとって、傘を大きく広げたドラゴンツリーの下は格好の休憩所だ。熱い日差しに疲れたら、枝が作った日陰に逃げ込めばいい。私たちが島で初めて昼食をとったのもドラゴンツリーの下だった。1本の木の下に数人が円陣を組んで余りある木陰、そこだけひんやりと涼しかった。密に広がった樹冠は直径10㍍を超えている。それをたった1本の主幹が支えているのである。

　ドラゴンツリーは英名。ドラゴンブラッドツリーとも呼ばれる。リュウゼツラン科の高木で、大きいものでは高さ10㍍ほどになる。島内ではモンスーン期に雲や霧におおわれる標高の高い場所に生え、各所に群生地が見られる。樹齢500年を超えるものもあるという。

　学名はDracaena cinnabari（ドラカエナ・キンナバリ）。属名のDracaenaは「雌竜」、種小名cinnabariは「竜血」の意味。幹を傷つけると、血液のように赤い樹脂がにじみ出てくる。和名「竜血樹」もこれに由来する。

　島の人からドラゴンツリーにまつわる伝説をいくつか聞いたが、話の内容が異なっても、どれも「血が流れたところからドラゴンツリーが生えてきた」という結末で終わっていた。

標高1500㍍のスカンド山中のドラゴンツリー。早朝、暗いうちにテントから出て稜線まで上がると、立ちこめていたガスは次第に薄くなり、周辺はオレンジ色に包まれた

①シブハン村。濃いグリーンの葉の間から、淡黄色の小さな花をたくさんつけた花穂が伸び出ていた。②ドラゴンツリーの花穂。小さな花が多数つく。③1個1個の花は小さい。④実は直径1㌢ほどで丸くて黒い。ガイドによると、やがて赤くなるという。⑤幹の途中に出た新葉。⑥ドラゴンツリーの幹を傷つけ、赤い樹脂を採取する。これを乾燥させ、ドロップ状にしたものがシナバル（竜血）。山を下りると、近くの村の子供たちが「竜血」を小さなかごに入れて売りにきた。異様な樹形に慣れてくると、幼木や若木が見あたらないことに気づいた。何でも近年、島で放牧されるようになった山羊による食害で、全島絶滅の危機にさらされているという

イエメン共和国●ソコトラ島

ベゴニアを探してハグヘル山地のワーディ・ハードへ分け入ったときに、偶然出合った Boswellia ameero(ボスウェリア・アメエロ)。ソコトラ島の乳香木のなかでは、比較的標高の高い場所に生え、赤い華やかな花を咲かせる

乳香樹と没薬樹

　乳香は香料の一種。アラビア半島南西部やアフリカ北東部のソマリア、インドに生育するカンラン科ボスウェリア属Burseraceae Boswelliaの木の樹液を乾燥させたもの。焚いて香としたり、香水などに使う香料として利用されている。ヨーロッパなどでは、フランキンセンスの名でよく知られている。

　乳香は古代エジプトの墳墓から埋葬品として発掘されているので、エジプトなど西アジアでは、神に捧げるための神聖な香として祭儀の場で使われていたと考えられている。この習慣は古代のユダヤ人にも受け継がれ、聖書にも記述されている。

　中国では13〜14世紀の宋から元の時代に乳香が大量に輸入された。特に南宋時代には政府が乳香輸入を独占的に管理し、莫大な財政収入を得た。日本でも10世紀の文献に記述があるので、シルクロードを通じて伝来していたものと考えられている。ソコトラ島には7種の乳香樹が見られ、すべて固有種である。

　没薬とは、カンラン科ミルラノキ属Burseraceae Commiphoraの木の樹液を乾燥させたもの。ミルラとも呼ばれている。ミルラノキ属の木の樹皮を傷つけると、樹脂がにじみ出し、空気に触れると固まり、赤褐色のドロップ状になる。

　乳香が焚き香料として使われたのに対し、没薬は主に香膏(バルサム)や香油の匂いづけに使われた。

　ミルラについては古代から記録が残っている。殺菌作用があることから、エジプトのミイラ作りには遺体の保存のための防腐剤として使われた。ミイラという呼び名も、ミルラからきているともいわれている。また、旧約聖書の「出エジプト記」には、神聖な場所を清めるための香料の材料として没薬が登場する。

　新約聖書には、イエス・キリスト誕生を祝福しにやって来た「東方の三博士」が、黄金、乳香、没薬の3つの贈り物を持参してきた話が記され、乳香と没薬が当時珍重されていたことを物語っている。

①ハマデロ山の急な岩場をあえぎながら中腹までよじ登り、ふと見下ろすとホムヒルの民家を囲むように、Boswellia elongata(ボスウェリア・エロンガタ)が、かなり広範囲にわたって整然と植えられていた。②ハグヘル山地北部のアイヘフト谷で見かけた野性のボスウェリア・エロンガタ。植栽したものと比べると木の肌、樹形ともに、様子がずいぶんと違っていた。そうとうな古木で、高さ10㍍近くの大木だった。③ボスウェリア・エロンガタの花と実。④厳しい環境の岩場で、くねくねと枝を伸ばして匍匐し、小さな花を咲かせていたBoswellia nana(ボスウェリア・ナナ)。環境のいい場所では、普通の整った樹形になる。⑤ボスウェリア・ナナの花

①Boswellia bullata (ボスウェリア・ブラタ)。②Boswellia popoviana (ボスウェリア・ポポウィアナ)。③Boswellia socotrana (ボスウェリア・ソコトラナ)。高さ5㍍ほど。④ボスウェリア・ブラタの花。⑤ボスウェリア・ポポウィアナ。葉は長さ10㌢ほど。単葉のように見えるが複葉。⑥ボスウェリア・ソコトラナの花と実。⑦ボスウェリア・ソコトラナの樹皮を傷つけると、透明な樹脂がにじみ出してきた。⑧固まった樹脂。⑨粉末状になった樹脂。地元では、リラックスするためや歯茎を強くするために、ガムのように噛むこともある

①Commiphora planifrons（コムミフォラ・プラニフロンス）。ハグヘル山地の比較的標高の高いところに生えていた。②コムミフォラ・プラニフロンスの新芽。③Commiphora ornifolia（コムミフォラ・オルニフォリア）の花。2種とも葉腋から出た細い柄に、小さな花を多数つける。④Commiphora parvifolia（コムミフォラ・パルウィフォリア）。⑤コムミフォラ・パルウィフォリアの葉。⑥コムミフォラ・オルニフォリア。ハマデロ山地

おにいさんの屋台化粧品店（サヌア旧市街にて）

①石のように見えるのがお香。乳香をはじめ、いろいろな物を混ぜて作られる。ジャワ香（ブフール・ジャーウィ）と呼ばれ、現在では乳香より人気があるそうだ

- 乳香（フランキンセンス）
- お香
- 香油らしい
- 没薬（ミルラ）
- お香
- 不明
- ①
- コホルを粉にしたもの
- コホルを塗るための木の棒
- 香油らしい
- 線香か？
- 乳香（フランキンセンス）
- 明礬（ミョウバン）邪視除けや邪視払いに使われる
- お香
- 粉状のコホルを入れる容器
- ②

②アンチモン。アラビア語ではコホルと呼ばれ、アイラインとして用いられている

イエメン共和国●ソコトラ島

ボトルツリー

　そもそもこの奇妙な風体の植物を雑誌か何かで見たのが始まりである。それがソコトラ島を訪れる第一の目的だった。学名Adenium obesum subsp. sokotranum（アデニウム・オベスム・ソコトラヌム）、通称ボトルツリー。この異様なまでに膨れあがった体は、乾燥から身を守るための知恵。樽状やとっくり型の幹には水分がたっぷり貯め込んである。同様の理由で膨れあがった体をもつバオバブやパキポディウムの仲間なども、やはり通称でボトルツリーと呼ばれる。ソコトラ島では他にも2種、相当変な形のボトルツリーに出合うことができた。Dorstenia gigas（ドルステニア・ギガス）とDendrosicyos socotrana（デンドロシキオス・ソコトラナ）で、どれも水の国日本ではあり得ない形の樹木たちである。

　アデニウム・オベスム・ソコトラヌムはキョウチクトウ科アデニウム属。アフリカ大陸、アラビア半島などに分布するアデニウム・オベスムの亜種で、種小名のオベスムは「太った」の意味。英名はSocotra Desert Rose（ソコトラ砂漠のバラ）。

　このボトルツリーとの初めての出合いはあっけなく訪れた。島に着いて2日目、東部の山間部を車で移動中、幹線道路沿いに見慣れない生き物が立っていた。それがボトルツリーだった。近づいてみると、思ったよりも大きく、高さ3㍍ほどもあった。幹は肌色でつるつるとしており、叩いてみると内側からタプタプという音がした。さらに幹線道路を外れ、険しい山道にさしかかったところで、なんとなく勘が働き、車を止めてもらって山の裏側に回り込んでみると、ボトルツリーの群生地が広がっていた。そこは乾燥しきった岩と礫地の急斜面で、植物が生きていくにはいかにも不適地に思えたが、そんな場所に隠れるように集まって生えていたのである。

　ドルステニア・ギガスはクワ科。種小名ギガスは「巨大」の意味で、大きいものは高さ3㍍近く、幹の太さは1.5㍍にもなる。容易に近づけない垂直の崖やオーバーハングした岩の割れ目にぶら下がるように生えている。慣れてくるうちに、円筒形や真ん丸の異物が岩壁に張りついていると、ギガスと分かるようになった。なんとか近くで花を見たいとホムヒルの岩場を探し回り、ようやく見つけた。葉は必要最小限しかなく、花は地味だった。

　デンドロシキオス・ソコトラナはウリ科のなかで唯一の木本（もくほん）。英名Cucumber Tree（キュウリの木）。名前の由来はキュウリのような実がなるからというが、直径3〜4㌢の黄色い花はともかく、長さ5㌢ほどの実は丸っこくてキュウリとは似ていない。体にそぐわない小さな枝振りや葉は、ボトルツリーに共通している。

　ここにあげたボトルツリー3種はすべてソコトラ島の固有種。

左はアデニウム・オベスム・ソコトラヌムの花。右は果実で、T字形の袋果

ディクサム高地。数本のアデニウム・オベスム・ソコトラヌムがくっつき合って生えていた。高さ3〜4㍍、幹の直径は2㍍を超える

カルヤ〜ホムヒル間の岩がごろごろしている崩れやすそうな急な岩場の崖を回り込み、慎重に下っていくと、直径2㍍ほどもあるAdenium obesum subsp. sokotranum（アデニウム・オベスム・ソコトラヌム）が100株ほど群生していた。今にも転がり落ちてきそうで早々に撮影を切り上げた。少し離れて見るとユーモラスだが、近くで見ると不気味でもある

島の西端、カランシーヤのマアラ山地の垂直に切り立った岩場。遠目には人が立っているように見えた。近づいてみると、赤みがかったつるつるした木肌のAdenium obesum subsp. sokotranum（アデニウム・オベスム・ソコトラヌム）と、つやのない灰色の木肌のDorstenia gigas（ドルステニア・ギガス）が、しがみつくように100株近く生えていた

ホムヒル。オーバーハングした岩の割れ目に、ぶら下がるように根を下ろしていたDorstenia gigas（ドルステニア・ギガス）

①ドルステニア・ギガスの特徴のある花。②葉を伸ばしはじめたドルステニア・ギガス。③落葉中のドルステニア・ギガス。④Dendrosicyos socotrana（デンドロシキオス・ソコトラナ）の花。なるほど、花はキュウリノキという英名にふさわしく、よく似ている。しかし、ガイドが名前の由来だという実は丸っこくて、とてもキュウリには見えなかった

マアラ山地で見かけたデンドロシキオス・ソコトラナ。大きいものは高さ6㍍近くになる。背景はカランシーヤの海岸

Begonia socotrana (ベゴニア・ソコトラナ)。葉の形がハスに似ているのが特徴だ。険しいワーディ・ハードの谷筋を上ること3時間、湿った岩の間に花が咲いていた

ベゴニア園芸種の原種、ベゴニア・ソコトラナ

　海外取材の場合、行ったばかりの場所を翌年すぐに訪れることは稀だ。ソコトラ島は例外で、それだけ見るべきものが多く、たくさんのものを撮り残してきてしまったという思いが強かった。

　そのなかのひとつが、園芸種の「冬咲きベゴニア」や「エラチオール・ベゴニア」の片親として知られている原種、シュウカイドウ科のBegonia socotrana（ベゴニア・ソコトラナ）だった。2010年は岩間に残っている葉だけを見た。

　再挑戦の2011年、ガイドが見つけておいてくれたベゴニアのポイントはスカンド山中の尾根筋、ときおり山霧が周辺をおおう断崖絶壁だった。近づけないので、消化不良のまま3泊4日のトレッキングを終えた。ハディーボの町へ戻ると、その岩壁の下部の谷筋でベゴニアを見たという情報がもたらされた。翌日その谷筋を丸一日かけて歩き回り、ようやく思い通りのカットを撮ることができた。

　「冬咲きベゴニア」はベゴニア・ソコトラナと南アフリカ産のBegonia dregei（ベゴニア・ドレゲイ）との交雑から生まれた。最初の品種が発表されたのが1891年。現在では、「クリスマス・ベゴニア」とも呼ばれ、冬の鉢花として人気がある。

　「エラチオール・ベゴニア」は、ベゴニア・ソコトラナと南米原産の球根ベゴニアから育成された園芸品種との交配によって作られた。1880年代にイギリスで発表されて以来、一重や八重などの比較的大型の花を、秋から翌年の春まで咲かせるさまざまな品種が生まれた。近年、ドイツで通年花を咲かせる技術が開発され、「リーガース・ベゴニア」と呼ばれる品種群も生まれている。

崖下をのぞき込む際どい場所に三脚を立てて撮影した

ソコトラ島の植物

「インド洋のガラパゴス」とも呼ばれるソコトラ島。2008年には、島に生息する動植物の多様性と独自性で、世界自然遺産に登録された。実に、植物825種のうち約40％、爬虫類34種の約90％、カタツムリ96種のうち約95％が固有種である。

ソコトラ島に固有種が多いのは、そのなりたちと深く関わっている。ソコトラ島は、白亜紀にゴンドワナ大陸の分裂でアフリカ大陸から切り離されてインド洋上に孤立したと考えられている。島に閉じ込められた動植物たちは、乾燥した気候、岩石の多い大地、強い季節風など、過酷な自然環境に適応しつつ独自の生態系を作りあげた。

また、島が紅海の入り口に位置していることから、かつてはイギリスや旧ソ連の軍事的要衝として基地が置かれ、冷戦終結以後はイエメン軍が引き継いで、島民以外の出入りが厳しく制限された。これが結果として生態系の保護に大いに役立った。

ところで、ハディーボ以外にホテルのないソコトラ島をあちこち移動するには、テントで寝ないといけない。しかし、そのおかげで、目覚めるとすぐに撮影にとりかかれ、日が沈むまで撮影に没頭できた。そんな旅の途中で出合ったソコトラ島の植物を、固有種を中心に紹介する。固有種は[*]で表示。

早朝、スカンド山中のテントから出て尾根筋に上がると、キク科のEuryops arabicus（エウリオプス・アラビクス）が満開だった

①Helichrysum aciculare*（キク科）
②Helichrysum rosulatum*（キク科）
③Ruellia dioscoridis*（キツネノマゴ科）
④Craterostigma pumilum（ゴマノハグサ科）
⑤Coelocarpum haggierensis*（クマツヅラ科）
⑥Convolvulus hildebrandti*（ヒルガオ科）
⑦Heliotropium balfourii*（ムラサキ科）
⑧Oldenlandia balfouri*（アカネ科）
⑨Oldenlandia pulvinata*（アカネ科）
⑩Sarcostemma viminale（ガガイモ科）
⑪Edithcolea grandis（ガガイモ科）
⑫Caralluma socotrana（ガガイモ科）
⑬Exacum affine*（リンドウ科）
⑭Punica protopunica*の花（ザクロ科）
⑮Punica protopunica*の実（ザクロ科）
⑯Viola cinerea（スミレ科）
⑰Gnidia socotrana*（ジンチョウゲ科）
⑱Hibiscus stenanthus*（アオイ科）

イエメン共和国●ソコトラ島

早朝、アバタロの浜辺を歩くと、Limonium socotranum*(リモニウム・ソコトラヌム)が島のように点在し、紅い花を咲かせていた

①Ziziphus spina-christi*(クロウメモドキ科)
②Rhus thyrsiflora*(ウルシ科)
③Acridocarpus socotranus*(キントラノオ科)
④Euphorbia arbuscula*(トウダイグサ科)
⑤Euphorbia kischenensis*(トウダイグサ科)
⑥Euphorbia socotrana*(トウダイグサ科)
⑦Jatropha unicostata*(トウダイグサ科)
⑧Hypericum balfourii*(オトギリソウ科)
⑨Kalanchoe farinacea*(ベンケイソウ科)
⑩Cocculus balfourii (ツヅラフジ科)
⑪Aloe perryi*(ユリ科)
⑫Aloe squarrosa*(ユリ科)
⑬Aloe jawiyon*(ユリ科)
⑭Limonium sokotranum*(イソマツ科)
⑮Zygophyllum gatarense(ハマビシ科)
⑯Zygophyllum gatarense(ハマビシ科)の花
⑰Heliotropium socotranum*(ムラサキ科)

ソコトラ島の風景

　最大の町は、空港から車で20分ほどのハディーボ。ホテルやレストラン、商店、航空会社のオフィス、病院などがある。といってもメインストリートを含めすべて未舗装で、風が吹くと土埃が舞う。まるで西部劇に出てくる町並みのようだ。

　観光に従事する人や商人などのごく少数の人たちを除けば、山間部に住む人々は山羊を飼う遊牧を、海沿いに暮らす人たちは漁業、と暮らし方は大きく2つに分かれている。ほとんどが厳格なイスラム教徒で、どこでも1日5回の礼拝を欠かさない。また、女性は他人に髪や体をさらさないよう、目を除く全身を黒い衣装とベールでおおっている。はじめはそれが奇異に感じられたが、見慣れるとソコトラのユニークな景色のひとつになった。

　農業は発達していないため、島で自給できるのは、魚、肉、ナツメヤシぐらい。日用品のほとんどをイエメン本土からの船による輸送に頼っている。

　山羊以外によく目にする動物がラクダである。観光客のトレッキングではラクダが活躍する。私たちも山岳部のハグヘル山地で重い荷物を運んでもらった。

　海沿いには美しい砂浜や砂丘が広がっている。アフリカ大陸からの強い季節風によって吹き上げられた砂が大量に堆積してできたといわれている。海水は澄みきっており、珊瑚礁も豊かである。

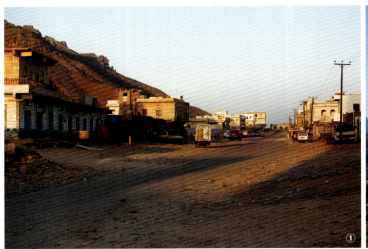

①ハディーボの朝。ここがメインストリート。②ハディーボ郊外から望むハグヘル山地。③ソコトラ島の背骨、ハグヘル山地の夕景。④ハグヘル山中の民家。⑤ホムヒルキャンプ場。⑥ホムヒル自然保護区周辺の村

①我々の荷物を運ぶラクダ。②朝食作り。③放牧された山羊と遊ぶ牧童。④牧童。⑤グッバの塩田。⑥エジプトハゲワシ。⑦ディハムリ付近の漁村。⑧ハディーボ近くの海岸の魚市場。⑨島の西部カランシーヤの海岸を望む。⑩ディトワフラグーンの干潟

サヌア旧市街の朝。ホテルのカーテンを開けると、世界遺産の町並みが寝ぼけ眼に飛び込んできた

世界遺産、サヌア旧市街

　首都サヌアの旧市街も世界遺産のひとつである。真夜中にサヌアに着いたため、初めて街の様子を見たのは翌早朝。響き渡るアザーン（イスラム教の礼拝への呼びかけ）で目覚め、高台にあるホテルの部屋のカーテンを開けたとき、おもわず驚きの声が出てしまった。眼下には煉瓦を積み上げた、見たこともない建物群が広がっていたのである。紀元1000年頃に建てられたものも多いという。アラビアンナイトの世界を彷彿とさせる街に、人々は今も暮らしており、現存する世界最古の都市のひとつである。歩いてみると、隙間なく建てられた建物の間を細い路地が迷路のように走っている。白い漆喰で縁取られたアーチ型の窓が美しい。迷って近くの人に道を聞くと、その場所まで連れていってくれた。

　2011年の滞在中は、アラブ諸国に吹き荒れた民主化運動、いわゆる「アラブの春」がイエメンにも波及しており、サヌアでも激しいデモが行われていた。とても政情が安定しているとは言いがたい状況だったが、街の市場は変わらず活気にあふれ、人々は旅人に優しかった。

煉瓦の茶色と漆喰の白のコントラストが美しい高層建築物が印象的だ。建物はただ煉瓦を積み上げただけだという

①穀物や香辛料を売る日本でいえば乾物屋さん。赤いのは唐辛子、白いのはニンニク。②デーツ(ナツメヤシ)の専門店。デーツはアラビア世界、特に遊牧民にとっては重要な食料品。③八百屋さん。野菜は案外豊富で、この不揃いのトマトが美味しかった。④油屋さん。ラクダが石臼の周りを回って胡麻を搾る。⑤パン屋さん。⑥カート。ニシキギ科の常緑樹の一種で、若葉を噛むと麻薬のような効果がある。⑦煙草屋さん

イエメン共和国●ソコトラ島

①同業の商店が並ぶ市場、スーク。この一角は金物屋さんが集まっていた。なかにはロバを売買するスークもある。②結婚式の披露宴は男女別々に行われる。女性たちはこのときとばかり、お店に飾られているような派手なドレスで着飾る。手前の男性はふたりとも、ジャンビーヤと呼ばれる刀を差している。ジャンビーヤは、先端がくねっと曲がった短剣で、宗教的な儀式や結婚式などの際に身につける。特に、イエメンでは一人前の男だということを示すものとして、今も現役。③ジャンビーヤを差すためのベルトを売るお店。店の主人も当然立派なジャンビーヤを差していた。④藁製品を売る露天商。向かって左は帽子、真ん中と右はかご。平べったいのは汎用性がありそうだ。⑤男女1組の大道芸人

街路に面した建物の扉は、それぞれが競うかのように個性的で面白い。そこで、扉のコレクションを作ってみた

イエメン共和国●ソコトラ島

Mt.KENYA
ケニア共和国
ケニア山

夕陽に浮かび上がったケニア山最高峰バティアン（標高5199㍍）。シルエットになった岩峰はポイント・ジョン。大晦日、マッキンダース・キャンプの前に広がった景色

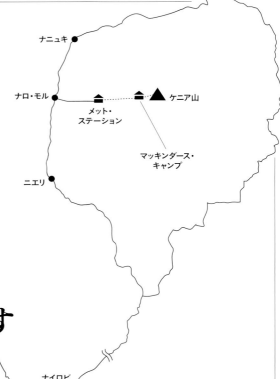

氷河末端を埋めつくす謎の巨大植物！ジャイアント・セネキオとジャイアント・ロベリア

　ケニア山の植生がユニークとは聞いていたが、思いつきでケニア山行きを決めたため、予備知識はごくわずかしかなかった。そのため、標高を上げるにつれて次々と現れる巨大で奇妙な植物たちに、ただ驚かされるばかりだった。

　我々がもっている高山植物に対する概念は、高い所へ行けば行くほど丈は低くなるというもの。日本の標高3000メートルの稜線ではハイマツなどの木本はせいぜい1メートルの高さ。草本にいたっては這いつくばるように生育し、高さ数センチにしかならない。

　ケニア山では、森林限界を超えた標高3500メートル辺りで最初に現れたキキョウ科のLobelia deckenii（ロベリア・デッケニイ）の花茎が高さ1.5メートル。同じ仲間のLobelia telekii（ロベリア・テレキイ）や、さらに草原や谷筋に群生するキャベツのお化けのようなキク科のSenecio brassica（セネキオ・ブラッシカ）も、みな並外れた大きさだった。極めつきは、標高3700メートル付近から姿を現す高さ7メートルを超えるキク科の多年草で茎が木化するSenecio keniodendron（セネキオ・ケニオデンドロン）。マッキンダース・キャンプ周辺から遠くの山肌を眺めると、氷河末端の植生限界点と思われる標高4500メートルの高さまでこの植物におおわれ、あたかもソテツの群生地を思わせる景観を見せていた。

　巨大化の理由を知りたくて、いくつかの資料を調べてみたが、その謎は未だ解けていないようであった。

ジャイアント・セネキオと呼ばれる植物のひとつ、セネキオ・ケニオデンドロン。テレキ谷を埋めつくすように生えていたが、開花しているのは十数株ほどだった

標高4200㍍のマッキンダース・キャンプ付近に群生するSenecio keniodendron（セネキオ・ケニオデンドロン）。これがなじみ深いキク科の仲間とはとうてい思えない

ジャイアント・セネキオ

　ケニア山で見られる巨大植物4種のなかで、最も大きくなるのがSenecio keniodendron（セネキオ・ケニオデンドロン）。高さ7㍍にもなる。しかも、他の3種よりも標高の高い場所に生育し、大群生する。氷河や雪におおわれた山々を背景に、どこまでも林立している光景は実に異様で、言葉を失うほど圧倒された。

　幹の太さは下部で直径20〜30㌢ほど、上部にいくにしたがって枯れた葉が残って重なり、上がふくらんだ逆紡錘形となっている。先端には、長さ60〜80㌢もある大きな葉がロゼット状についている。いかにも重たげで不安定にも見えるが、幹に触れてみると完全に堅く木質化していて、しっかりしている。内部が中空なのも強度を保つのに役立っていると思われる。

　私たちが滞在したマッキンダース・キャンプでは、毎朝、地面が真っ白になるほどの霜が降り、水辺には氷が張っていた。夜はほとんど氷点下になるのである。ふつう、このような環境下では植物は細胞を破壊されて、生きていけない。しかし、セネキオ・ケニオデンドロンは、ロゼット状の大きな葉をパラボラアンテナのように上に向けて昼間の太陽光を集め、その熱を中空になった茎の中心部に送り込み、備蓄する。幹に重なりついた枯れた葉もひと役買っている。こうして夜間、外の気温が氷点下になっても、ロゼットの中心部にある生長点付近が、氷点下にならないようにしているのである。

　ジャイアント・セネキオと呼ばれるキク科のもう1種、Senecio brassica（セネキオ・ブラッシカ）も、気温が低くなると、生長点を守るために、葉を丸めて巨大なキャベツのようになる。

セネキオ・ケニオデンドロンは、岩場、谷筋、氷河湖の縁など、生育地を選ばない。最も好んでいると思われるのは、緩斜面の草地で、一番発育がよさそうだ

①〜⑥セネキオ・ケニオデンドロン。①開花したばかりの花。ひとつひとつの花は直径1〜2㌢ほどだが、花茎は1㍍以上になる。②1年以上経っていると思われる花茎が残っていた。③樹皮はだいぶ年季が入っているように見え、触れると堅い。④標高4500㍍付近で見たこの株の葉は霜で傷んでいた。⑤葉は枯れても何年も落ちず、中心部を保温する。⑥幼い株

Senecio brassica（セネキオ・ブラッシカ）の根生葉。白毛が密生した葉裏を表にして丸まっていた。零度以下の寒さから、中心部にある生長点を守るための知恵らしい。マッキンダース・キャンプ付近

Senecio brassica（セネキオ・ブラッシカ）の花茎は高さ2㍍にもなり、セネキオ・ケニオデンドロンとともに、ジャイアント・セネキオと呼ばれる。テレキ谷の標高3900㍍付近

広大な草原にセネキオ・ブラッシカの大群生。日中気温が上がり、丸まっていた葉が展開すると、根生葉の直径が1㍍以上あることが分かる

小さな花をびっしりとつけたセネキオ・ブラッシカの花茎。こうして近くで見て、ようやくなじみ深いキク科の花だと納得できた。開花株はわずかだった

ジャイアント・ロベリア

　ケニア山には「ジャイアント」の名のついた植物が4種生えている。ジャイアント・セネキオと呼ばれるキク科キオン属が2種、そしてこの、ジャイアント・ロベリアと呼ばれるキキョウ科ミゾカクシ属が2種である。どちらも日本で見られる同じ仲間からは想像できないほどに巨大で奇妙な形をしている。
　Lobelia deckenii（ロベリア・デッケニイ）は、樹林帯を抜け、草原状の開けた場所に出ると、真っ先に姿を見せる。直径30㌢近い円柱形の花茎は高さ1.5㍍ほどで、苞葉が蜂の巣のように規則正しく並んでいる。その苞葉のひとつひとつの中には、紫色の小さな花が咲き、唇形で先端がとがった花の形が、キキョウ科の特徴をよくとどめていた。
　ロベリア・デッケニイよりも標高の高い場所で見られるのが、Lobelia telekii（ロベリア・テレキイ）。こちらの花茎は、寒さから身を守るために、全体が羽毛状の柔らかな長い苞葉におおわれている。どこかユーモラスで、不思議な生き物のようにも見えた。
　これらの巨大化した花の花粉を媒介するのは、蜂や蝶ではなく、タイヨウチョウという鳥で、山麓から花を目指して飛んでくる。空中をホバリングしながら蜜を吸う姿を、何度も見かけた。

ヒース帯を抜けると草原状の場所になり、ロベリア・デッケニイが姿を現した。人の高さぐらいで、ポツンポツンと間隔を空けて立ち、花を咲かせていた

エメラルドグリーンの水をたたえた氷河湖トゥー・ターンとケニア山最高峰バティアンを背景に、毛むくじゃらのロベリア・テレキイが花を咲かせていた。標高4500㍍

ケニア共和国●ケニア山

①Lobelia deckenii（ロベリア・デッケニイ）の花茎。葉っぱのような苞葉の間に紫色の花が見える。②Lobelia telekii（ロベリア・テレキイ）の花茎。花茎をおおっているのは、羽毛状の苞葉。先端が赤みを帯びている。③ロベリア・テレキイの花。羽毛状の苞葉をかき分けてみると、つけ根に紫色の小さな唇形の花が咲いていた。④〜⑥ロベリア・デッケニイ。④幼い株。⑤寒さに耐えるために丸まった根生葉。⑥伸び出した花茎。⑦〜⑩ロベリア・テレキイ。⑦根生葉。⑧伸びはじめた花茎。⑨実。⑩ハイラックスに食い荒らされた根生葉

ケニア共和国●ケニア山

ケニア山の植物

　ケニア山の高山帯は、森林限界の3600㍍付近から、氷河末端にあたる植生限界点（雪線）4500㍍辺りまでを指す。

　その植生限界点付近に、樹高が7㍍にもなるSenecio keniodendron（セネキオ・ケニオデンドロン）が生育していることは、植物界の常識をはるかに超えている。では、他の植物はどうだろうか。たとえば、セネキオ・ケニオデンドロンの群生地の下草を見ると、その植物相の貧弱さがひと目で分かる。

　今回、花らしい花が見られたのは、主にマッキンダース・キャンプの下部にある湿地帯の一角で、キク科、セリ科、ベンケイソウ科などの小さな花を数種類見ることができた。興味深いことに、このケニア山で見られる高山植物は、極端に大きいか小さいかで、その中間はほとんど見られなかった。

①Carduus keniensis（キク科）。②Helichrysum brownie（キク科）。③Haplocarpha rueppellii（キク科）。④Senecio roseiflorus（キク科）。⑤Erica属の一種（ツツジ科）。⑥Haplosciadium abyssinicum（セリ科）。⑦セリ科の一種。⑧Sedum meyeri-johannis（ベンケイソウ科）。⑨Ranunculus oreophytus（キンポウゲ科）。⑩Romulea keniensis（アヤメ科）。⑪Lycopodium saururus（シダ植物）。⑫ハイラックス（Procavia capensis）

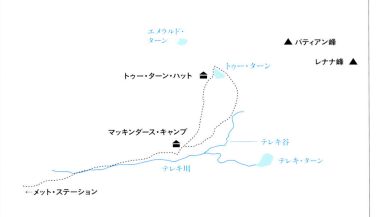

ケニア山紀行

　そもそも初めはアフリカに行く予定ではなかった。まして苦しい山登りなど。ここ数年忙しい日々が続いたので、少しのんびりしようと年末年始は南の島でリゾートライフと決めていたのだ。カメラを持つなどもってのほか、究極のぐうたら生活で新年を迎えるはずであった。それが、ケニア山である。

　きっかけは某ツアー会社のパンフレットの、アフリカ第二の高峰ケニア山を背景にちょっとソテツに似た奇妙な木々が群生している写真に目をとめたことだった。写真説明に、「木のように見えるが実はキク科の草本で、高さ8㍍に達するものもある」とあった。もともと変なものには弱い。それを読んでグラッときてしまった。

　パンフレットを読み進めると、「赤道直下」とあるではないか。しかも、「このツアーは山に登るツアーではありません云々、ゆっくりと周辺を散策云々、荷物はポーターが云々」。そして、「さあ、サバンナにそびえるケニア山に花見に行きませんか」と締めくくってあった。このあたりで、海もいいけど、もしかしたら高原もいいかもと思いはじめた。とどめは同行する妻のひと押しで、あれよあれよという間にケニア山行きは決まった。

首都ナイロビ経由登山基地ナロ・モルから入山

　ケニア山への道のりは遠かった。成田からインドのムンバイ（ボンベイ）を経て、首都ナイロビへ、ナイロビから北へ約150㌔、登山基地の町ナロ・モルに着いたのは成田を発って2日後の午後だった。ツアーといっても、参加者は我々を含めて6人、それに植物学が専門の大場秀章教授と添乗員の合計8人とこぢんまりしている。ここで、おおかたの荷物はガイドに託し、我々は必要なものを小さなザックに詰めて、軍仕様のような大きな幌つきトラックに乗り換えた。これで、登山口のロッジ、メット・ステーション（標高3048㍍）まで行く予定である。途中の村でポーターを拾う。ポーターはコックを含めて14人、みなキクユ族である。大勢を乗せてトラックは快調に走りだした。

　国立公園ゲートを過ぎると、トラックが突然止まった。道がぬかるんでいて、これ以上は進めないという。すでに薄暗く、夜が迫っていた。結局、月明かりに助けられながら2時間ほど歩き、午後7時半、ようやくメット・ステーションにたどり着いた。

登山口メット・ステーション

　ここは本当に赤道直下なのだろうか、予想外の寒さである。バンガロー・スタイルの小屋はこぎれいではあったが、2段ベッドに敷いてある厚いマットがじっとりと湿気を含んでいる。冬用シュラフを持っ

てくればよかったと少し後悔する。高度を甘く見ていた。

　道々、ポーターたちに象とバッファローに気をつけるようさんざん脅かされてきた。真っ暗闇のトイレに行くと、「パオーン、パオーン」と象らしき動物の鳴き声が間近に聞こえる。その夜中、小屋の外ではなにやらワサワサと獣の気配がし続けた。寒さのなか、「ここはアフリカ」と実感した。

　鳥の声で目覚め、外へ出てみると、辺りを包んでいる乳白色のガスがゆっくりと上がっていくところだった。頭上に気配を感じて見上げると、白黒まだらの顔をした猿が木の枝からこちらをにらんでいる。小屋の下の藪ががさがさと動き、真っ黒なバッファローがこちらをじっと見ている。思わず気が引き締まる。

　メット・ステーションの周囲は、イヌマキに似た針葉樹の森が中心で、所々に竹藪が点在している。この竹を若い象が食べに来るのだという。その日は高度順応を兼ね、ゆっくりと周辺を散策する。

　イヌマキ帯より上はバラ科のHagenia abyssinica（ハゲニア・アビッシニカ）というクルミに似た大木が多く、純林といっても差し支えのないほどの美しい森を作っている。枝は苔におおわれ、湿気の多さがうかがわれる。ケニア山周辺は一年を通じて気候の変化はあまり顕著ではないが、一日のなかでの天候の変化が激しいという。毎日、雨が降る時間帯があり、いつも道がぬかるんでいる。下草はキク科、シソ科、キンポウゲ科の花が中心である。これらの仲間は動物が嫌って食べない毒成分を含んでいるものが多い。こういった種類のものがよく見られる場所は、草食動物が多かったり、家畜が放牧されたことのある場所だったのではないかと推測されるという。他の草が食べ尽くされた結果、これらの植物がはびこることとなるからである。

　2日目の夜は暖炉に薪をくべることができたため、暖かく幸せな気分で眠ることができた。

①登山口であるメット・ステーション付近は、イヌマキの仲間Podocarpus milanjianus（マキ科）の高木に囲まれていた。②これは象のスリップ跡。とにかく大きい。周辺の竹を食べにやってくるという。③ハゲニア・アビッシニカの木が、全身コケにおおわれていた。④Bothriocline fusca（キク科）。⑤Lobelia bambuseti（キキョウ科）。標高の低い竹藪の縁などに生える。高さ8㍍にもなるという。これも一応ジャイアント・ロベリアか。⑥メット・ステーション周辺はハゲニア・アビッシニカの純林だった。林床をおおう葉はLobelia bambuseti（キキョウ科）。⑦Impatiens tinctoria（ツリフネソウ科）。⑧Impatiens hoehnelii（ツリフネソウ科）。⑨Podocarpus milanjianus（マキ科）の花

ようやく目的の巨大植物に出合う

　翌朝、7時にマッキンダース・キャンプに向けて出発、Hagenia abyssinica（ハゲニア・アビッシニカ）の枝にぶら下がったサルオガセが逆光に美しく輝いている。ガイドの先導で、前日半日かけて散策を楽しんだ場所まで1時間で登ってしまう。標高3400㍍のその場所は、ツツジ科の小低木林（ヒース林）が群生し、ハゲニアの木はもう見られない。いわゆる森林限界といわれる場所である。遥か下方には朝の柔らかい光に包まれたアフリカの大地が広がっている。地面はぐじゃぐじゃと水っぽく、まるで田んぼの中を歩いているようだ。しっかりと足元を選ばないと泥だらけになってしまう。

　さらに少し登ったところでヒースの森が切れ、草原状の開けた場所になった。この辺りで初めて、キキョウ科のLobelia deckenii（ロベリア・デッケニイ）がその奇妙ともいえる姿を現した。高さ1.5㍍ほどに伸びた円柱形の花穂の中には紫の花があって、「なるほどキキョウ科（ミゾカクシ属）だ」と思ってはみたが、これが日本で見られるサワギキョウやアゼムシロと同じ仲間とはとうてい思えない。かろうじて唇形の花のとがった形が、キキョウ科の特徴をとどめていた。

　やがて尾根状の場所に出ると、ゆるい傾斜地一帯がSenecio brassica（セネキオ・ブラッシカ）だらけである。まるでどこまでも続くキャベツ畑のようだ。ただし、キャベツよりだいぶ大きく葉裏が白い。ちなみに「ブラッシカ」とはラテン語でキャベツのこと。これだけあっても、1.5㍍ほどの花穂を立てているのはほんの数株しかない。ひとつひとつの花はオタカラコウによく似ている。

　初めて見るものに目を奪われ、その度に足を止めるので、ペースはどうしてもゆっくりになってしまう。高度が上がって、ばてる人も出てきた。「雨が降るぞ、雨が降るぞ！」とガイドが警告していたが、遅い昼食をとったあたりから、天気が崩れてきた。テレキ谷を左下に見ながらトラバースする頃、雨がみぞれになり、そのうちに雪がちらついてきた。山肌はすでに白くなりはじめている。辺りはパンフレットで見たSenecio keniodendron（セネキオ・ケニオデンドロン）の巨木（草）が一面にどこまでも生えていて、異様な景観である。まるで別世界に迷い込んだような不思議な感覚にとらわれる。セネキオ・ケニオデンドロンの合間には、花穂が毛におおわれたLobelia telekii（ロベリア・テレキイ）も生えていて、この辺りで今回の旅の目的ともいえる巨大植物すべてが登場したことになる。

　さらに登り続け、ほとんど平らになったところで、やっとマッキンダース・キャンプ（標高4200㍍）が見えた。その向こうにケニア山が見え隠れしている。キャンプに着く頃には、雨はすっかり上がった。周辺の岩の間からハイラックスが、かわいい姿をのぞかせていた。

マッキンダース・キャンプと氷河湖散策

　ケニア山を真正面に見るマッキンダース・キャンプに建つ山小屋は、50人ほどの収容力がある。登山者のほとんどがヨーロッパからで、それぞれがポーターを雇い、食事を作ってもらっている。小屋の外にテントを張っている人たちもいて、彼らも小屋で自炊するので、朝夕はなかなかの活気である。

　登山が目的の場合、キャンプに着いた日の翌朝2時頃、レナナピーク（標高4985㍍、一般登山者の最高登頂地点）を目指して出発し、昼までにはキャンプに戻り、その日のうちにナイロビへ、というパターンもけっこう多いという。我々はここに3泊した。こんな場所に3泊など、空気が薄くてちょっと息苦しいが、なかなかぜいたくなリゾート感覚である。

①Erica arborea var. alpina（ツツジ科）の小灌木の間を縫うように歩くヒースゾーン（エリカ帯）。足元は水気が多く、泥だらけになりながら歩いた。②ヒースゾーンを越えると、草原の中を歩く。③Guizotia reptans（キク科）。④Gladiolus watsonoides（アヤメ科）。メット・ステーション付近から標高4000㍍ぐらいまで見られた。⑤Kniphofia thomsonii（ユリ科）。⑥セネキオ・ケニオデンドロンの下に、ロベリア・テレキイ、ロベリア・デッケニイが点々と生えていた。⑦テレキ谷に沿ってトラバースするように登山道が続く。この写真の中に、「ジャイアント」の名がつく4種がすべて写っている。標高3900㍍付近。⑧テレキ川の源流。標高4600㍍付近より

　夕方、すっきりと晴れ渡ったキャンプの真正面に、雪におおわれたケニア山の険しい姿が夕焼けに輝いて現れた。その夜の冷え込みは厳しく、幾度か目を覚ましてトイレへ行くと、満月に照らされたケニア山はまたいっそう凄みを増し、冷たくそびえ立っていた。
　翌日は高度順応を兼ねて周辺を散策、休養し、次の日、上部の氷河湖、トゥー・ターンへ。小屋裏から始まる岩混じりの急登を2時間ほど一気に上がると、美しい小さな湖に着いた。緑色の湖水は冷たく澄んでいて、正面のケニア山を映している。登っている人間が見えそうなほどの近さである。ここが今回の我々の最高到達地点で、標高4600㍍くらい。同じような湖が2つ並んだ素晴らしく気持ちのよい場所で、昼食をすませた後、それぞれが思い思いのゆったりとした時間を過ごした。湖尻付近からはテレキ川の源流がすべて見渡せ、その荒涼とした景観は、そう遠くない昔にこの辺りが氷河におおわれていたことを想像するのに充分だった。
　下山日は、雲ひとつない快晴に恵まれた。早朝の出発で、霜の降りた道を踏みしめていく。セネキオ・ブラッシカが白い毛の生えた葉裏を表にして丸くなっていた。
　カメラを持たないで過ごすはずの正月だったが、気がつくと50本以上のフィルムを消費していた。

ケニア共和国●ケニア山

NAMIB DESERT

ナミビア共和国
ナミブ砂漠

記録的な大雨が降り、ナミブ砂漠に緑をもたらした。単調な景色のなかでダチョウやスプリングボックが遊んでいた。ナミブ・ナウクルフト国立公園

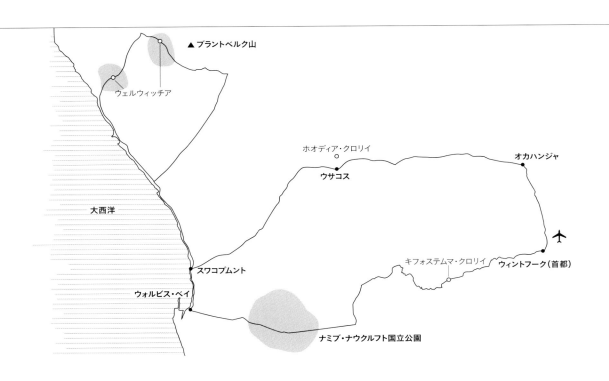

ウェルウィッチア。ナミブ砂漠の不思議植物、別名は「奇想天外」

　いつか見てみたいと思い続けてきたウェルウィッチア。学名はWelwitschia mirabilis（ウェルウィッチア・ミラビリス）。数多くの写真を見、本を読んでデータを調べ尽くし、予備知識はあったのだが、その「奇想天外」さは想像をはるかに超えていた。最初の出合いはナミブ砂漠の海辺に近い一帯。遠目には、どこまでも続く平らで荒涼とした砂漠に、点々と置かれたゴミのかたまりにしか見えなかった。近づいてみると、そのみすぼらしさには、さらにがっかり。中心部こそしっかりとしているが、海風と乾燥にさらされたためか、葉はわずかしか残っておらず、残った葉も先端にいくほど枯れ、最後は糸状になってしまっている。それがみな風下へ流れているため、まるで、ボロを引きずってどこかへ移動しようとしている生き物のようにも見えた。しかし意外にも、もっと近づいてみると、木質化した茎と葉の間から出た花序に、たくさんの花を咲かせていた。

　海辺から70～80キロ入った内陸部で見た株は、直径およそ3メートル、高さ1.5メートルと巨大だった。幅30センチほどのうねうねと曲がりくねった葉を無数に伸ばしているように見えた。しかし、葉の根元をたどれば、たった2枚の葉なのである。葉の生長スピードが、年に2～5センチと聞いて、その株が何百年もの年月を生きてきたことに気づかされた。聞くところによると、5000年を超えるものもあるという。過酷な環境で生き残る知恵をもつ植物に尊敬の念すら覚えたのだった。

ウェルウィッチアの葉は柔らかそうに見えるが、触れるとかたい。炎熱と乾燥のなか、葉の気孔からも空気中の水分を取り入れることができるという

ナミビア共和国●ナミブ砂漠

夕陽が落ちた後、再びカメラを取り出し、この日最後のカットを撮った。ここだけで500株ものWelwitschia mirabilis（ウェルウィッチア・ミラビリス）を見ただろうか

ガイドのクリスが前もって探しておいてくれたWelwitschia mirabilis（ウェルウィッチア・ミラビリス）。この辺りで最大の株。3週間前の大雨が灰色だった葉を緑色にしてくれたとのこと。心なしか、みずみずしく見える。

ウェルウィッチア

　アフリカ大陸南部の西側に位置するナミビア共和国の大西洋岸には、広大なナミブ砂漠が広がる。8000万年前に誕生した最も古い砂漠のひとつともいわれ、北はアンゴラ共和国国境から、南は南アフリカ共和国との国境を流れるオレンジ川にいたる、実に南北約1600キロに及ぶ。

　そんなナミブ砂漠の熱帯の灼熱の太陽にさらされ、めったに雨が降らない荒涼とした大地に奇妙な植物が生育している。発見されたのは、今から155年ほど前。オーストリアの探検家フリードリヒ・ウェルウィッチがアンゴラで、イギリスの画家で探検家のジョン・トーマス・ベインズがナミビアで、それぞれ遭遇した。砂漠の中で、まるでボロを引きずるようなグロテスクな姿で点在する様子には、ふたりとも驚いたに違いない。

　Welwitschia mirabilis（ウェルウィッチア・ミラビリス）は1科1属1種で、ナミブ砂漠の固有種。最も進化した裸子植物とされ、単子葉植物と同じような分裂組織をもつなど、被子植物の特徴も備えているため、裸子植物と被子植物をつなぐものと考えられている。

　生育しているのは、雨が降ると雨水が流れ込み、地表を流れるような場所。年間降水量10～150ミリという過酷な環境に適応するために、ふつう植物は水分の蒸散を防ぐ工夫をしている。しかし、ウェルウィッチアは葉の両面に同数の気孔をもつなど、むしろ水分を蒸散させる構造をしている。これは水分を蒸散させることで、葉を冷やすためだと推測されている。

　葉から大量の水分を蒸散させながら生きていくには、大量の水分を補充しなければならない。その工夫は根に見られる。長さ3メートルに及ぶ主根を垂直に伸ばしたり、海綿状の側根を地表の浅い部分に長く伸ばして、地表にできる露をも利用しようというのである。日中のピーク時には、葉の水分が30分も入れ替わるというのだから、とんでもない数字である。

　いろいろな株を見ると、うねうねと伸びる無数の葉が、わずか2枚の葉でできていることが分かる。葉は伸びるに連れて、強風によって、単子葉植物のような平行脈に沿って裂け、多数の葉が伸びているように見えるのである。

　雌雄異株で、雄株の方が雌株より個体数が多い。大きな株状で中央部が凹み、周りに溝があるコルク質の茎の先端に花序がつく。雌花は卵形で長さ4～6センチ、雄花は細長い円筒形で雌花より小さい。昆虫や風によって受粉するとされているが、その仕組みはまだよく分かっていない。

　種子は卵形で、両側に薄い羽が2枚ついていて、風によって散布される。十分な水分があれば、比較的簡単に発芽するが、親植物の近くで発芽することはない。

　このユニークな種を守るために、ナミビアでは保護の対象とされ、植物本体やその一部を採取することは禁じられている。

①雄花序。長さ2～3センチの雄花がやや密集してつく。雄花には小胞子嚢6個と退化した胚珠がある。退化した胚珠は、雌雄同株という性質の名残で、裸子植物の特徴を示している。②③雌花序。雌花は長さ4～6センチと雄花より大きく、卵形。触れてみるとかたかった。カメムシの一種、プロベルグロティウス・セクスプンタクチスが養分を吸いにきていた。この昆虫はウェルウィッチアの養分に頼って生きているらしい。④⑤熟した雌花。開いた苞葉の間に、羽をもった種子が散布されるのを待っている。⑥対生する葉を伸ばしはじめた幼い株。葉の分裂組織は基部にあるので、先端部分が裂けたり、枯死しても伸び続ける。1年で2～5センチほど伸びるといわれている。巨大な株も本を正せば、2枚の葉が長い年月をかけて伸びたものなのである

伸ばす先から強風や乾燥で、葉先がちぎれてしまった雌株。それでも大きさから推測すると、100年以上は生きているはず。真ん中のコルク質の茎の周囲から雌花序が伸びている

ナミビア共和国●ナミブ砂漠

Hoodia currorii(ホオディア・クロリイ)。ナミブ砂漠の固有種。3週間前に降った大雨によって、いっせいに開花したらしい。花の直径は10㌢ほど。ガガイモ科。ウサコスの北

夕陽を浴びて赤く染まるCyphostemma currorii（キフォステムマ・クロリイ）。ブドウ科だが、とてもブドウの仲間とは思えない。高さ6～7㍍、幹の直径は1㍍を超えていた。ウォルビス・ベイ～ウィントフーク間

①Hoodia属の一種(ガガイモ科)。ウサコスの北で見たホオディア・クロリイによく似ているが、クリスによると違う種とのこと
②Trichocaulon clavatum(ガガイモ科)。岩の隙間から這い出るように生えている姿を見ると、とても植物とは思えない
③Sesamum marlothi(ゴマ科)
④⑤Salvadora persica(サルヴァドラ科)。熱帯アフリカからインド、東南アジアにかけて広く分布し、葉は食用になる
⑤Salvadora persicaの花
⑥⑦Commiphora wildii(カンラン科)
⑦Commiphora wildiiの若い実
⑧Tribulus terrestris(ハマビシ科)。ウォルビス・ベイからひたすら砂漠地帯を走ってくると、いきなりこの黄色の群生が出現して驚かされた。これも数日前の大雨のせいとのこと

①Zygophyllum stapffii（ハマビシ科）。肉厚のコインのような葉がユニーク。海辺近くに生えたウェルウィッチアの間を埋めるように点在していた
②Acacia reficiens（マメ科）
③Adenolobus pechuelii（マメ科）
④Arthraerua leubnitziae（ヒユ科）の花
⑤海沿いには塩田が続き、塩田のあいだにはArthraerua leubnitziae（ヒユ科）が、まるで小島のように塊を作って生えていた
⑥Anacampseros albissima（スベリヒユ科）。見た目は少し不気味だが、先端に咲かせる黄色い花は可愛い
⑦ゴミムシダマシの仲間。砂丘の表面温度は摂氏50度を超える。なにもこんな所にすまなくてもいいのにと思うのだが
⑧サシガメの仲間

ブラントベルク山麓の西側。露出した岩、砂礫はどこまでも赤く、所々に隠れるようにWelwitschia mirabilis（ウェルウィッチア・ミラビリス）が生える

ナミビアへ

　4月初め、秋咲きの球根植物を見に、南アフリカへ旅をした。その帰路、南アフリカの隣国ナミビアを3日間の予定で訪れた。いずれじっくりと撮影しに来るつもりでいたウェルウィッチアを、ほんの「ロケハン程度」という軽い気持ちで、一度見ておこうと思ったのだ。気分は旅の延長の、ちょっとした寄り道のつもりだった。

　ケープタウンからナミビアの首都ウィントフークまでは、真北へたったの2時間半、空港に降り立ったときは、その近さに別の国という感じがまったくしなかった。しかし、ガイドを伴ってナミブ砂漠の旅を始めるとすぐに、植物相と風景の南アフリカとのあまりの違いに驚かされることになった。

　「おまえはなんというラッキーボーイなんだ」

　「3週間ほど前、ナミビア全域に1日で100㍉という記録的な大雨が降った。ナミビアの年間降水量は10〜150㍉、ときには0㍉の年だってある。つまり1日で1〜10年分の雨が降ってしまったというわけだ、すごいだろう！」

　ウィントフークからスワコプムントへ向かう車の中で、挨拶もそこそこにガイドのクリスが言った。雨の多い国から来た私は、なにがすごいんだと、つい言いたくなったが黙っていた。クリスは続けた。

　「たっぷりと水分を補給した植物たちは、おそらく最も生命力に満ちあふれた姿を、おまえに見せてくれるだろう」

　つまり、私は千載一遇のチャンスに恵まれたラッキーボーイというわけだ。クリスの話を聞きながら、これから初めて出合うウェルウィッチアのことを考えていた。頭の中にあるイメージ「乾燥にじっと堪え忍ぶウェルウィッチア」。それがたっぷりと水気を含んで、もしかしたら、まったく予想外の姿を見せてくれるかもしれない。それなのに、たった3日間しか旅の予定を組まなかったことを後悔した。しかし、いつまでも悔やんでいても仕方がない。のんびりとロケハンするつもりでいた気分を改め、短い時間だが目一杯撮影しようと気持ちを切り替えた。

ウサコスの北。道なき道を走ったあと、夕陽が沈むのを見ながらゆっくりと休む。遠くかすかに見えるのはブラントベルク山

　車はスワコプムントへ向かう途中、ウサコスという町から幹線道路をはずれて北上した。最初の目的は、石に似た姿をしたメセンあるいはリトープスなどと呼ばれる多肉植物だったのだが、小さな植物体を探すよりもまず、周囲の風景に見入ってしまった。どこまでも平らに広がる大地、その土は真っ赤で、遠くに異形ともいえる小山が点在している。ぐるり360度人工物は一切なく、地平線をきれいに円形状に見渡すことができる。起伏はまったくなく、地平線がまるで水平線のようにも思われる。小山は遠くに見える島々のようだ。こんな景色は今まで見たことがない。
　クリスのランドクルーザーは、所々で道をそれ、植物を求めて道なき道を走り回る。その道のそれ方があまりにも無茶苦茶なので心配になり、この辺りの土地の所有者が誰か聞いてみた。すると、「誰でもない」という返事が返ってきた。誰でもないとは誰のものでもないということか、それ以上の説明はなかった。つい数日前、南アフリカでは柵を乗り越えて、他人の土地で撮影することに後ろめたさを感じていたが、ここでは、どこでも自由きままに行動できるということらしい。
　大雨の恵みをうけた植物の姿は、すぐに見ることができた。ガガイモ科のHoodia currorii（ホオディア・クロリイ）が、まるで私たちを待ち受けていたかのように一斉に開花していたのだ。満開の花が砂漠に点々と広がっている。大きなものは10㌢以上もある。それが100個近くも咲いていて、クリスまでをも驚かせた。
　その夕方、夕焼けが広大な大地を真っ赤に染め上げ、シャッターを押すのも忘れて、呆然と太陽が沈むのを眺めていたら、クリスが「この時間が最高だ」とつぶやいた。まるで、私の気持ちを代弁するかのように。

　翌日は朝6時にスワコプムントを出発したが、町は濃密な霧におおわれていて、まだ夜明け前のように薄暗く、静まりかえっていた。今日は天気が悪いのだろうか、と空を見上げていると、クリスがこちらの不安を察したかのように答えてくれた。
「沖を流れる冷たい気流の影響で、この一帯は夏場ほぼ毎日こんな濃い霧に包まれるんだ。でも大丈夫、たぶん2～3時間もすれば晴れるだろう」
「ウェルウィッチアは、この霧を食べて生きているんだ」
　砂漠の植物Welwitschia mirabilis（ウェルウィッチア・ミラビリス）は、葉の気孔からも空気中の水分を吸収しているのだ。
　ウェルウィッチアは、アンゴラの南部からナミビアにかけての海岸線から内陸100㌔以内の砂漠地帯に、南北に長いベルト状に生育する。つまり、彼らの生育にとって不可欠とも思える海からの霧は100㌔近くも内陸に入り込むということらしい。
　海岸線に沿って、暗灰色の霧に包まれた砂漠の中を車はまっすぐに北上する。どこまで走っても景色は変わらず、モノトーンの不思議な世界に迷い込んだような奇妙な気分にさせられる。
　道を東へ折れて内陸部に入る頃から、時々周囲が明るくなり、霧が乳白色の色をもったかと思うと、幕が上がるように突然晴れた。空にぽっかりと穴が開いて、またたくまに青空が広がっていく。そのとき、道の両側にウェルウィッチアが現れはじめた。子供の頃から見たいと切望していた植物との初めての出合いは、走っている車の窓越しから。しかも、一度にかなりの個体を目撃するというものだった。
　正直言って、このときの出合いはあまりいいものとはいえない。車を降りて近寄ってみると、葉先がぼろぼろになってしまったものや、半分砂に埋もれたもの、葉が40～50㌢の長さで切れてしまっ

強風と乾燥から逃れるため、山側へ移動しているように見えるWelwitschia mirabilis（ウェルウィッチア・ミラビリス）。海底を這いずり回る巨大なタコを連想させた

ているものなど、瀕死の状態としか思えないものばかり。写真で見たような立派な株などどこにもなく、大雨の影響などなかったかのようだった。

ガッカリしている様子を見て取ったのか、
「このあたりに生育しているものは、海からの風をまともに受けて、一番厳しい環境にさらされているんだ」
とクリスが言った。

確かに中心部のコルク質の部分が1㍍近くあるものもあって、それはかなりの年月を耐えに耐えて生きてきたことを示している。したたかな生命力というか、頑強さである。

ここで長年の疑問をひとつ解くことができた。ウェルウィッチアの解説書を読むと、「葉は2枚のみで終生根元から伸び続ける」とある。「どうしてあの姿で葉が2枚なんだ？」と、かねがね不思議に思っていたのだが、葉先が風に飛ばされて根元が露出した、ごくシンプルな株を見て、葉が2枚ということを簡単に理解することができた。

ウェルウィッチアは、その基部にちょうど柏餅を半開きにしたような円盤状の木質の部分があり、そこを中心に2枚の葉が対生して出ている。その2枚の葉だけが成長していくのである。速度は1年に2〜5㌢ほどであるという。葉の長さが6㍍ぐらいのものもあるというから、いったい何年、砂漠で生き続けることになるのだろう。推定樹齢1500年という記録をもつ個体もあるらしい。

葉は先端部から枯死していくが、基部からの成長は続き、皮質の葉は平行脈に沿って縦に裂けてリボン状となり、くねくねと周囲を這うように伸びる。そして「奇想天外」な姿になるわけである。

見回すと、ウェルウィッチアは広い範囲にぽつんぽつんと間をおいて生えており、群生していない。これは、親植物が自分の周辺に落とす種子は、自ら阻害物質を出して発芽しないようにし、共倒れを防いでいるからだという。また、種子には2枚の羽がついていて、風によって遠くまで運ばれて発芽するので、決して群れることがないという。これも、過酷な砂漠で生き抜くための知恵というものなのだろう。

ウェルウィッチアは雌雄異株で、葉の基部からそれぞれの花序を出し、雌花は卵形で長さ4〜6㌢ほど、雄花は2〜3㌢ほどの大きさである。雌花にはカメムシの仲間プロベルグロティウス・セクスプンクタチスが養分を吸いにきている。このカメムシも、親植物の近くに種子が発芽しないよう一役買っているという。

撮影していると、突如空が鉛色に変わり、突風が吹き荒れた。砂塵が顔を打ち、足元が揺らぐ。あの強靭な革ベルトのようなウェルウィッチアの葉が裂かれ、ちぎれる様が容易に想像できるような強風だ。1時間ほどで風がやみ、青空が戻った。すると、今度は猛烈な暑さが襲ってきた。それでも、2時間ほど夢中でシャッターを押し続けていたら、突然めまいがした。気がつくと太陽は真上で、自分の影すらできない。クリスに強制的に休憩を命じられ、水をしこたま飲まされた。その後、ウガブ川の畔の大きなアカシアの木の下に移動し、昼食をとった後2時間ばかりまどろんだ。

ウェルウィッチアを求めて内陸部を走ること50㌔ほど。未舗装だが、時速70〜80㌔で走れるほどの立派な道なのに車と出合わず、日曜日だというのに、結局この後も内陸部ですれ違った車は1台だけだった。

クリスの車はランドクルーザーの古い型だ。彼は最新のコンピューターを搭載した車には、絶対乗りたくないという。トラブルがあったとき、自分で修理できないからだという。実際、彼は自分

ナミビア共和国●ナミブ砂漠

小さな岩混じりの丘に突然姿を現したAloe dichotoma（アロエ・ディコトマ）。近づくと、高さ7〜8㍍、幹の直径は60㌢ほどもあった。ナミブ・ナウクルフト国立公園

の車のことを知り尽くし、どんなトラブルにも対応できる自信をもっていた。このような砂漠でのトラブルは即、死につながる。車が通りかかる確率も低い。次はひとりでレンタカーを借りてナミブ砂漠を走り回ろうと漠然と考えていたが、そんな考えは無謀に近いことを知り、さっさとあきらめることにした。

午後3時を過ぎると太陽が傾きはじめ、ようやく暑さも峠を越した。このとき、私たちは海岸線から直線にして70〜80㌔ほどの地点、つまり、ウェルウィッチアの生育限界域近く、生命線ともいえる、海からの霧が届くぎりぎりの場所に来ていた。

このあたりで、クリスが前もって見つけておいてくれた大株に出合った。直径3㍍、高さ1.5㍍ほどの株はほとんど傷もなく、無数に裂けた葉が無秩序にからみ合い、大きくうねっている。これがどうして2枚の葉からできているというのか、知識がなければとても納得することはできない。

海岸近くで見た個体との差は歴然としている。たとえが悪いかもしれないが、海岸近くに生えるウェルウィッチアが自然農法で作られた虫食いだらけのやせこけた野菜なら、さしずめこちらは化学肥料をたっぷりと与えられた温室育ちの野菜といったところだろう。しかも、5〜6株が並んで生えていたりする。どちらが本来の姿なのだろうかと考えてしまった。写真を撮る立場からは、大柄で姿形が整っていた方がいいのかもしれない。しかし、痛ましくはあるが海辺近くに生えていたものの方が、生きていくためのしたたかさのようなものをもっているように感じられ、海岸近くのウェルウィッチアを時間をかけて撮っておいてよかったと、つくづく思った。あまりにも立派でみずみずしい大株を前に、もしかしたらこれが大雨の影響か、とクリスに訊ねると、うれしそうに「イエス」と答える。降雨前の姿を知らない私には、比べるすべもない。

夕陽が落ちる寸前、突然山々が夕焼けに染まった。すでに撮影を終えていたが、車を止めてもらい、カメラを取り出して最後の1カットを撮った。周囲はたちまち青一色となり、やがて深い闇に包まれ、ようやく長い1日が終わった。

驚いたことに、この日1日で35㍉フィルムを20本以上も使っていた。ここ十数年来の、いや、もしかしたら今までの最高記録かもしれない。また、撮ったフィルムが記録なら、この日飲んだ水分の量も新記録に違いなかった。水は5リットルほど、晩に飲んだビールが2リットルほどだったから。

最終日はスワコプムントから南下して砂漠の中心部に入る予定だったが、3週間前の大雨のために橋が落ち、道が寸断されている、とのことで断念せざるをえなかった。それでも、行きとは違う道をウィントフークへ戻る途中の内陸部で、アロエ・ディコトマや奇妙な形をしたCyphostemma currorii（キフォステムマ・クロリイ）を撮影することができた。

寄り道のつもりで立ち寄ったナミビアで、ウェルウィッチアは久しぶりに「無我夢中で撮影する」という醍醐味を味わわせてくれた。

CAPELAND
南アフリカ共和国
ケープ地方 ナマクアランド／リヒタスフェルト

ウエストコースト国立公園のお花畑。ほとんどがキク科の植物。左の青い花はアブラナ科の Heliophila coronopifolia（ヘリオフィラ・コロノピフォリア）

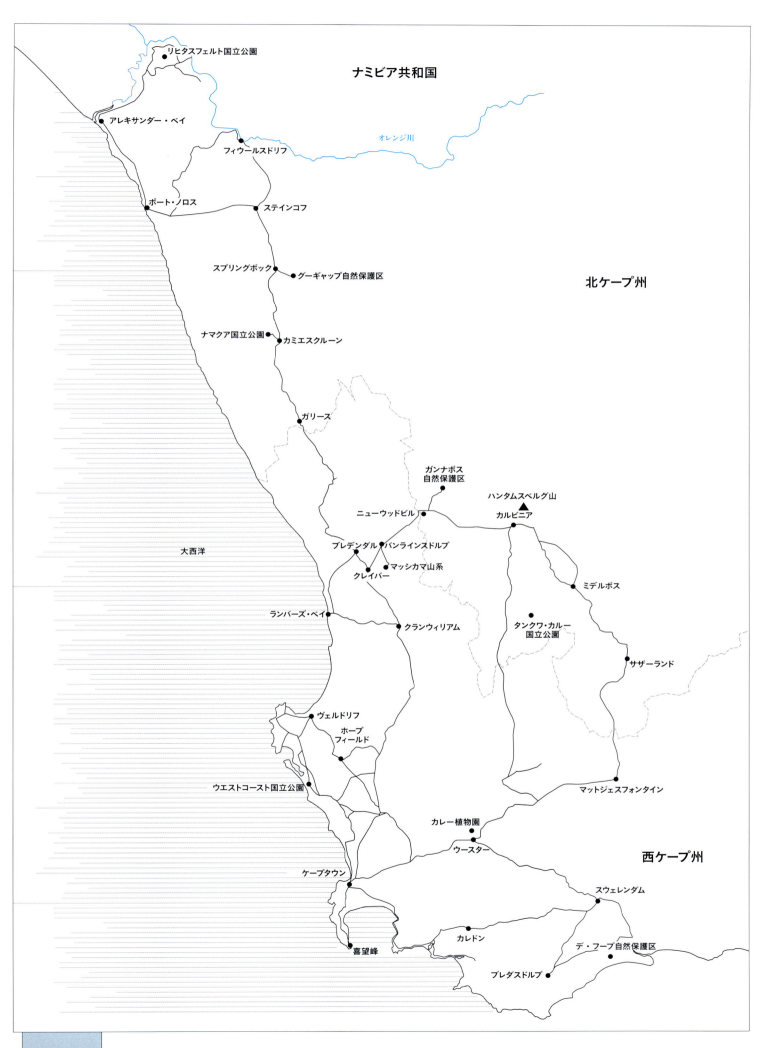

6000種に及ぶ植物が生育する
驚きの南アフリカ・ケープ地方

　アフリカ大陸の最南端に位置する南アフリカ共和国は、かつてのアパルトヘイト（人種隔離政策）、その撤廃に至るまでの出来事や、豊富な天然資源を持つことなどはよく知られているが、多様な地形と温暖な気候に恵まれた、植物の宝庫であることは意外と知られていない。

　世界の植物相は、構成種の類似性にもとづいて区分することが行われている。これを植物区系と呼ぶ。植物区系の区分については諸説あるが、エングラーのシラブス第12版（1964年）で、マティック（F. Mattick）は6つの区系界を設けている。たとえば日本（沖縄、小笠原を除く）は、北アメリカ、ユーラシア大陸を含む地球の半分ほどをカバーする「全北植物区系界」に属する。ちなみに沖縄、小笠原は「旧熱帯植物区系界」に入っている。

　南アフリカのケープ地方の南西部という狭い地域が、この6つのなかのひとつの区系界、「ケープ植物区系界」であるというのは驚きだが、妥当でもある。この狭い範囲に、ハマミズナ科だけで2000種があるとされるなど、その種数は6000種にも及び、桁外れに多様であるだけでなく、著しく特異な植物相が発達しているからである。

　この植物の多様性を生み出した要因のひとつが、地中海性気候の温暖で乾燥した夏と、雨が多くそれほど寒くない穏やかな冬、という気象条件である。また、西海岸に沿って降る冬の雨は、降雨量の恩恵を受ける地域はもちろん、北のナマクアランドやナミビア共和国国境のリヒタスフェルトなどの植物相にも多大な影響を及ぼしている。

　植物の宝庫である南アフリカには固有種も多い。また、かつてヨーロッパのプラントハンターたちが持ち帰って品種改良を重ねた、我々になじみの深いさまざまな園芸品種の原種にも出合うことができる。

　南アフリカのナマクアランドに広がる「神々のお花畑」と呼ばれるお花畑が以前から気になっていた。しかし、当初この本のためにたてたコンセプトのなかに「お花畑」というキーワードは入っていない。同じ仲間の花が一面に咲いている光景は見るには美しいが、撮った結果が予測できるからである。そんな理由で、気になりながらも南アフリカへの旅を具体化することはなかった。

　それがあるとき、フラワーウォッチングを専門にしている旅行社の知人から、お花畑が見られる時期に合わせたツアーへの誘いを受けた。撮影取材の鉄則は個人の旅。ツアーでは思うように撮影はできないだろう、と思いながら、取りあえずロケハンのつもりで参加することにした。

　バスに乗って次から次へと花を追う旅は慌ただしく、じっくり撮影するというわけにはいかないが、南アフリカの植物の多彩さ、桁外れの種類の多さを考えると、こうでもしないと全容はつかめない。結局、季節、場所を変え、多肉植物に詳しい友人主催のリヒタスフェルトへのツアーも含め、3回、延べ1カ月半ほど、南アフリカの植物を見て回った。

黄色い花はUrsinia sp.（ウルシニア属の一種）、ピンクの花はSenecio arenarius（セネキオ・アレナリウス）、白い花はDimorphotheca pluvialis（ディモルフォテカ・プルウィアリス）。いずれもキク科

ナマクアランドの「神々のお花畑」

　南アフリカ・ケープ地方の中西部からナミビア国境にかけてのナマクアランドは、ほぼ一年を通じて乾燥した不毛の地であるが、8月下旬から9月にかけての春、突然、花園が出現する。6～7月に雨が降り、8月に入ると春の暖かさが植物たちの発芽をうながし、花芽をふくらませ、そして一斉に開花させるのである。その年々や土地による降雨量に左右はされるが、見渡す限り続く色とりどりの、あるいは単一のお花畑は、「神々のお花畑」と形容されるにふさわしい。

　お花畑を彩る花はキク科のものが圧倒的に多く、間々にユリ科、ハマミズナ科、アヤメ科の花々が混じっている。季節を変えて、3～4月の秋に同じ地を訪れると、華やかさはないが、ヒガンバナ科のハエマントゥスやブルンスウィギア、アヤメ科の秋咲きグラジオラス、ロムレア、モラエアの仲間など、南ア独特の球根植物が咲いているのを見ることができる。

　ナマクアランドは北へ行くほど降雨量は減り、乾燥度の高い岩礫地が広がっている。このような半砂漠地に生きる植物たちは、水分を補給、保水するため、それぞれにさまざまな工夫をしている。葉や茎、根などを太らせた、いわゆる多肉植物が多く見られる。巨大化したアロエの仲間、石ころにしか見えないハマミズナ科のコノフィツム、リトープスなどストーンプランツと呼ばれる仲間、ガガイモ科、ベンケイソウ科なども知恵をこらした結果、奇妙で興味深い形態を見せている。

海辺の町ランバーズ・ベイよりブレデンダルへの田舎道で。抜けるような青空の下、オレンジ色のArctotis fastuosa（アルクトティス・ファストゥオサ）が大群生していた

南アフリカ共和国●ケープ地方　ナマクアランド／リヒタスフェルト

南アフリカを象徴するテーブルマウンテン。カルビニアとミデルボス間で

いわゆるナマクアランドデイジーといえば、この小型のオレンジ色の花を指すことが多い。スプリングボックの南、ナマクア国立公園にて

南アフリカ共和国●ケープ地方　ナマクアランド／リヒタスフェルト

キク科

年に一度、不毛の荒野が「神々のお花畑」「天国の花園」などと形容されるお花畑に変わる。そんな場所があると聞いてはいたが、実際に現地に立って仰天した。とにかくスケールが半端ではない。赤、白、黄、オレンジ、青、ピンク、紫など色とりどりの花々が、見渡す限り地面をおおい尽くし、はるか遠くの地平線まで続いているのである。

8月下旬から9月にかけて出現する、この鮮やかなお花畑の主役やベースになっているのがキク科の植物たち。ナマクアランドデイジーと総称されたりもするが、行く先々で出合ったキク科の花は、よく観察すると姿形がみな違っていた。実際、属も多岐にわたり、撮影したものだけでも15属を超えている。そのなかで、目立って大きなお花畑をつくっていた代表的な4属を紹介してみよう。

ディモルフォテカ属 Dimorphotheca　7種あり、南アフリカにのみ見られる属である。マットジェスフォンタインの郊外で見たD. cuneata（クネアタ）の白色のお花畑、スプリングボックの南、ナマクア国立公園を一面オレンジ色に染め上げたディモルフォテカ属と思われる単一群落が見事だった。

ウルシニア属 Ursinia　南アフリカでは40種見られ、黄、白、オレンジの小ぶりの花は各地のお花畑に登場した。お花畑で弁当を広げると、かたわらにはこの花がいつも咲いていた。

セネキオ属 Senecio　キク科最大の属で、世界中に分布し、2000種を超えるという。南アフリカでも、標高の高い場所、海辺、荒れ地などさまざまな場所で見られた。

ガザニア属 Gazania　15種あり、1種を除きすべて南アフリカで見られる。この仲間は園芸種としてさまざまな交配種が作られているが、野生種の花も直径10㌢ほどもあって華やかだ。

宿泊地のマットジェスフォンタインの近くで、線路越しに見つけたDimorphotheca cuneata（ディモルフォテカ・クネアタ）の群生。私有地なので気を遣いながら撮影

①②ディモルフォテカ属 Dimorphotheca
①クネアタ。カルビニアの北、ハンタムスベルグ山で撮影。標高1800㍍ほどあって、肌寒かった
②D. pinnata（ピンナタ）
③Arctotis hirsuta（アルクトティス・ヒルスタ）
④〜⑦ガザニア属 Gazania
④G. krebsiana（クレブシアナ）。ナマクア国立公園で撮影
⑤G. rigida（リギダ）
⑥G. pectinata（ペクチナタ）。ハンタムスベルグ山で
⑦G. lichtensteinii（リクテンステイニイ）。リヒタスフェルトのキャンプサイトで見かけた

南アフリカ共和国●ケープ地方　ナマクアランド／リヒタスフェルト

ケープ地方で見たキク科の植物たち。①②エウリオプス属Euryops。①E. lateriflorus（ラテリフロルス）。カルビニアからミデルポスへの道沿いは乾燥した荒れ地が続き、この花だけがぽつんと咲いていた。②E. linifolius（リニフォリウス）。③④セネキオ属Senecio。③S. sarcoides（サルコイデス）。④S. arenarius（アレナリウス）。⑤Arctotheca calendula（アルクトテカ・カレンドゥラ）。⑥Berkheya spinosissima（ベルケヤ・スピノシッシマ）。⑦Gorteria diffusa（ゴルテリア・ディフサ）。⑧Chrysocoma sp.（クリソコマ属の一種）。⑨Cotula nudicaulis（コトゥラ・ヌディカウリス）。⑩⑪ディデルタ属Didelta。⑩D. carnosa（カルノサ）。⑪D. spinosa（スピノサ）。⑫Felicia tenella（フェリキア・テネラ）。⑬Othonna arborescens（オトンナ・アルボレスケンス）。⑭Pentzia incana（ペントジア・インカナ）。ガンナボス自然保護区、アロエ・ディコトマのポイントにて。⑮Phaenocoma prolifera（ファエノコマ・プロリフェラ）。⑯Pteronia paniculata（プテロニア・パニクラタ）

南アフリカ共和国●ケープ地方　ナマクアランド／リヒタスフェルト

Phyllobolus digitatus(フィロボルス・ディギタトゥス)。バンラインスドルプの北で。ストーンプランツが文字通り石のようにゴロゴロしていた

南アフリカ共和国●ケープ地方　ナマクアランド/リヒタスフェルト

Oophytum sp.（オオフィトゥム属の一種）。属名の意味は「卵植物」。直系1㌢ほどと小さいが、赤みがあるので石英の小石の中でもよく目立つ。バンラインスドルプの北で

南アフリカ共和国●ケープ地方　ナマクアランド／リヒタスフェルト

ハマミズナ科

かつてはツルナ科あるいはザクロソウ科とされていたものが、現在ではハマミズナ科として分類されている。ハマミズナ科はさらに、ハマミズナ亜科、アイゾオン亜科、メセムブリアンテムム亜科、ルスキア亜科の4亜科に分けられている。

この仲間はほとんどが「多肉植物」と呼ばれる植物群に入っている。英語ではSucculent Plants、訳すと「水気の多い植物」といった意味である。生えるのが乾燥した場所なので、水分を蓄えるために、自らの根、茎、幹、葉などを肥大化させている。それが「多肉」という名前の由来である。なかには数㌢の厚さの葉を持つものもある。そのため、奇妙な姿形をしているものが多く、世界中に愛好家がいる。

ハマミズナ科の植物は草本や木本、ほふく性や低木、高木など、さまざまな生活形態をしている。なかでも興味深いのは、ストーンプランツと呼ばれる植物たち。Oophytum（オオフィトゥム属）、Conophytum（コノフィトゥム属）、Cheiridopsis（ケイリドプシス属）、Didymaotus（ディディマオトゥス属）、Tanquana（タンクアナ属）などの仲間たちで、石がゴロゴロしている場所を選んで生えており、植物自体も周りの小石との区別がつかないほど、紛らわしい姿をしているのである。

①〜③コノフィトゥム属Conophytum。3種ともブレデンダルの南のクレイバー近くで、地べたを這いつくばるように探し、開花している株をようやく見つけることができた
①C. minutum var. pearsonii（ミヌトゥム・ペアルソニイ）
②C. minutum var. minutum（ミヌトゥム・ミヌトゥム）
③C. subfenestratum（スブフェネストラトゥム）
④Cheiridopsis cigarettifera（ケイリドプシス・キガレッティフェラ）
⑤Didymaotus lapidiformi（ディディマオトゥス・ラピディフォルミ）
⑥Sceletium sp.（スケレティウム属の一種）
⑦Tanquana prismatica（タンクアナ・プリスマティカ）

南アフリカ共和国●ケープ地方　ナマクアランド／リヒタスフェルト

①②ドロテアントゥス属Dorotheanthus
①D. bellidiformis (ベリディフォルミス)
②D. maughanii (マウガニイ)
③Lampranthus sp. (ラムプラントゥス属の一種)
④Delosperma sp. (デロスペルマ属の一種)
⑤Apatesia pillansii (アパテシア・ピランシイ)
⑥Conicosia elongata (コニコシア・エロンガタ)
⑦⑧ドロサンテムム属Drosanthemum
⑦D. bicolor (ビコロル)
⑧D. hispidum (ヒスピドゥム)
⑨⑩マレフォラ属Malephora
⑨M. crocea (クロケア)
⑩M. framesii (フラメシイ)
⑪Ruschia langebaanensis (ルスキア・ランゲバアネンシス)

Gladiolus stefaniae(グラジオラス・ステファニアエ)。南アフリカで見たグラジオラスの仲間で、一番大きな美しい花を咲かせていた。デ・フープ自然保護区で

Sparaxis tricolor（スパラクシス・トリコロル）。和名スイセンアヤメ。直径3〜4㌢の派手な花を咲かせる。ニューウッドビルのごく限られた地域にのみ見られる

南アフリカ共和国●ケープ地方　ナマクアランド／リヒタスフェルト

Ixia maculata (イクシア・マクラタ)。花は直径3㌢ほどだが、草丈が50㌢ほどもある。湿った草原に群生していた。アヤメ科。ウエストコースト国立公園付近で

Gladiolus alatus (グラジオラス・アラトゥス)。ケープ地方の南部を中心に、西部の海岸付近まであちこちで見かけた。草丈は20㌢足らず、形に愛嬌がある。アヤメ科

アヤメ科

アヤメ科は80属1750種ほどもある大きな科で、ほぼ全世界に分布している。なかでも南アフリカの、特にケープ地方では、冬暖かく雨が降り、夏は暑く乾燥する地中海性気候に適応して種の分化が進み、数多くの種類が見られる。実際に、訪れた南アフリカの各地でさまざまなアヤメ科の植物と出合うことができた。

特に目についたのがGladiolus（グラジオラス属）の仲間で、春咲き（8～9月）、秋咲き（3～4月）、どの季節も多くの種類を見ることができた。250種ほどあるというグラジオラス属のうち、150種ほどがアフリカ南部に集中しているのだという。生えている環境も、海辺の砂地、岩地、ナマクアランドのお花畑の中など、バラエティに富んでいる。日本でよく植えられている丈の高いものとは違い、南アフリカで見た種類はどれも背丈は30㌢ほどと低い。しかし、花が背丈の割に大きいので見栄えがよく、色や花に入っている模様も美しかった。

他に代表的な属としては、Babiana（バビアナ属）、Moraea（モラエア属）、Ixia（イクシア属）、Romulea（ロムレア属）、Sparaxis（スパラクシス属）、Watsonia（ウァトソニア属）などがある。グラジオラス属を除けば、ほとんどが春咲きで色も鮮やかだった。園芸種にされているものも多い。

①～⑨グラジオラス属Gladiolus。②～④、⑧⑨は秋に撮影、他は春に撮影したもので、秋咲きのものの方が、花が小さめで地味なものが多い
①G. venustus（ウェヌストゥス）
②G. carmineus（カルミネウス）
③G. subcaeruleus（スブカエルレウス）
④G. emiliae（エミリアエ）
⑤～⑦ニューウッドビルで
⑤G. orchidiflorus（オルキディフロルス）
⑥G. uysiae（ウィシアエ）
⑦G. watermeyeri（ウァテルメイエリ）
⑧G. engysiphon（エンギシフォン）
⑨G. vaginatus（ウァギナトゥス）
⑩⑪フェラリア属Ferraria
⑩F. crispa（クリスパ）
⑪F. variabilis（ウァリアビリス）

南アフリカ共和国●ケープ地方　ナマクアランド／リヒタスフェルト

①〜⑥ロムレア属Romulea。①R. komsbergensis（コムスベルゲンシス）。②R. sabulosa（サブロサ）。③R. hantamensis（ハンタメンシス）。④R. tortuosa（トルトゥオサ）。⑤R. diversiformis（ディウェルシフォルミス）。⑥R. luteoflora（ルテオフローラ）。⑦Lapeirousia montana（ラペイロウシア・モンタナ）。⑧Sparaxis grandiflora subsp. acutiloba（スパラクシス・グランディフローラ・アクチロバ）。⑨Tritoniopsis burchellii（トリトニオプシス・ブルケリイ）。⑩⑪ウァトソニア属Watsonia。⑩W. hysterantha（ヒステランタ）。⑪W. meriana（メリアナ）

Brunsvigia bosmaniae(ブルンスウィギア・ボスマニアエ)。ツアーの難しさは時間帯を選べないことだが、どうしてもこの夕景が撮りたくて、無理を言って車を出してもらった

小灌木の間々に直径30〜40㌢もあるBrunsvigia orientalis(ブルンスウィギア・オリエンタリス)の花が咲いていて、忙しそうに蜜を吸うハチドリの羽音があちこちで聞こえた

ヒガンバナ科

　赤道の南に位置する南アフリカは、北に位置する日本とは季節が逆である。1999年8月下旬から9月にかけて、南アフリカの「春のツアー」に参加したが、半年後の翌年3月下旬から4月にも、同じ旅行社の「秋のツアー」に参加することになった。

　「南アフリカの秋は、前回の春のような野を埋め尽くす花のカーペットはありません。しかし、ヒガンバナ科の仲間が数多く見られ、うまくいけばブルンスウィギアやハエマントゥスなどの見事な群生が見られます」という魅力的な誘い文句に乗ったのである。

　Brunsvigia（ブルンスウィギア属）の仲間は、未知の植物だった。調べると、わずかな資料の中に、荒れた地面にまるで風車を突き刺したような、異彩を放つ姿を見つけた。現地を訪ねると、誘い文句そのままに荒野を満開の花の大群落が埋め尽くしていた。

　Haemanthus（ハエマントゥス属）の仲間も、ブルンスウィギアと同じで、葉を地上に出す前に花を咲かせる。こちらも荒野に突き刺さったような、奇妙な姿が印象的だった。毒々しいまでに鮮やかな赤色から、属名はギリシャ語の「血」「花」に由来する。英名はブラッドリリー。

　南アフリカ「秋のツアー」では、その他にNerine（ネリネ属）、Amaryllis（アマリリス属）、Crinum（クリヌム属）などのヒガンバナ科の植物も見た。いずれも派手な花が目をひいた。

①〜⑤ブルンスウィギア属Brunsvigia
①B. bosmaniae（ボスマニアエ）
②B. orientalis（オリエンタリス）
③B. herreii（ヘルレイイ）
④B. minor（ミノル）
⑤B. marginata（マルギナタ）
⑥Crossyne guttata（クロッシネ・グッタタ）
⑦⑧ネリネ属Nerine
⑦N. humilis（フミリス）
⑧N. sarniensis（サルニエンシス）
⑨〜⑪ストルマリア属Strumaria
⑨S. chaplinii（カプリニイ）
⑩S. merxmuelleriana（メルクスムエレリアナ）
⑪S. truncata（トルンカタ）

南アフリカ共和国●ケープ地方　ナマクアランド／リヒタスフェルト

①Amaryllis belladonna（アマリリス・ベラドンナ）。ベラドンナリリーと呼ばれている。ケープ半島の西側、海沿いの荒涼とした斜面に点々と生えていた。属名のAmaryllisは、和名ではホンアマリリス属と表記され、1属1種。和名でアマリリス属とされているのは、学名ではHippeastrum（ヒッペアストルム）。この仲間は種類も多く、中南米や西インド諸島に分布する。園芸種でアマリリスと呼ばれているのは、この仲間である
②Crinum variabile（クリヌム・ウァリアビレ）
③〜⑥ハエマントゥス属Haemanthus
③H. crispus（クリスプス）
④H. coccineus（コッキネウス）
⑤H. pubescens（プベスケンス）
⑥H. namaquensis（ナマクエンシス）

リヒタスフェルト紀行

　西海岸に沿って南北に長いナマクアランドは、ナミビアとの国境線であるオレンジ川を越えて、ナミブ砂漠へとつながる地域で、北へ行くほど乾燥している。オレンジ川を挟んだナミビアと南アフリカにまたがる地域は、1991年にリヒタスフェルト国立公園に指定された。オレンジ川がナミビア側へ大きく蛇行し、国境線が半円形にふくらんだ辺りが、リヒタスフェルト国立公園の南アフリカの部分。2007年には、さらに南側の地域もユネスコにより世界文化遺産「リヒタスフェルトの文化的・植物的景観」に登録された。

　ツアーでの3回目の南ア行きを決めたのは、行程内にこのリヒタスフェルトが含まれていたからだ。リヒタスフェルトについては、荒涼、不毛、乾燥、過酷、そして、火星のような、という表現がついてくる。そこに生きる植物たちも尋常ではありえないことが想像された。

　リヒタスフェルトへは、ポート・ノロスから海沿いの道を北上する。早朝出発すると、同年の春にナミビアのスワコプムントからウェルウィッチアを探しに北上した海辺の道と景色がそっくりだった。ただし、道中ナミビアで目にした唯一の人工物は塩田だったが、こちら

薄暗いうちにテントから這い出て岩場を上ると、小さな山頂にたどり着いた。目立つのは高さ2mほどのこのEuphorbia virosa（ユーフォルビア・ウィロサ）だけだった

音もなくオレンジ川は静まりかえっていた。陽が昇ると岩山が赤く染まり、川面がわずかに青く光った

ではダイヤモンドの採掘地が続く。道は国境のオレンジ川にぶつかり、そこからは川に沿って内陸部へと進む。しばらくすると、川から離れ、山間部への登りとなった。岩混じりの荒涼とした山の斜面に、見慣れないアロエが立っていた。かなり大きく、高さは10メートルほどもありそうだ。気づくと尾根上にも点々と生えている。Aloe pillansii（アロエ・ピランシイ）で、そばまで寄ってみると、黄色い花を咲かせていた。近くでは背丈が2～3メートルほどのAloe ramosissima（アロエ・ラモシッシマ）が多数、枝分かれした大株を見せていた。

公園のゲート付近で再びオレンジ川に接するが、その手前辺りで雨が降り出した。ガイドによると、この地域は平均年間降雨量が50ミリに満たず、雨に遭ったのは初めてだという。雨はすぐに止み、ゲートを過ぎて再び山間部へ入り、ジグザグな急登を登り切ると、ハーフメンズパスという峠へ出た。

昼食をとっていると、近くの岩山にPachypodium namaquanum（パキポディウム・ナマクアヌム）が、私たち一行を見下ろすように生えているのに気づいた。現地名で「ハーフメン」と呼ばれているように、人が立っているようにも見える。昼食もそこそこに1人で岩山を駆け上ってみると、尾根筋に数十株も群生している。近くで見ると、中ぶくれの茎は棘だらけで、先端にロゼット状の葉と花をのせている。まるで河童の頭のようでおかしい。

撮影を終え、キャンプサイトへ向けて走っていると、殺伐とした平らな場所へ出た。そこはとうてい地球上とは思えない、まるで月面クレーターのようだった。ちょうどそのど真ん中で、エンジントラブルにより車が止まってしまった。修理に2時間ほどかかったが、そのおかげで周辺を歩き回り、ゆっくりと撮影することができた。この日の宿泊地はオレンジ河畔のデ・ホープキャンプサイト。夕食のバーベ

Aloe ramosissima（アロエ・ラモシッシマ）。背丈は2～3メートル

南アフリカ共和国●ケープ地方 ナマクアランド／リヒタスフェルト

高さ10㍍を超えるアロエ・ピランシイ。Aloe dichotoma（アロエ・ディコトマ）より、高さはこちらの方がありそうだ。ぽつぽつと立つ姿は電柱にも見えた

①〜④アロエ属Aloe。①アロエ・ピランシイ。季節外れと思われる花が咲いていた。アロエの仲間はどれも花弁の先端が小さく、おちょぼ口のようだ。②A. pearsonii（ペアルソニイ）。尾根から谷筋へと群生していた。高さ1㍍ほど、極度の乾燥のためか、どの株も赤みを帯びていた。③A. striata subsp. karasbergensis（ストリアタ・カラスベルゲンシス）。④A. gariepensis（ガリエペンシス）。岩山に上ると、岩陰に咲いていた。青みを帯びた黄色の花と、レンガ色の葉の取り合わせが気に入った

南アフリカ共和国●ケープ地方　ナマクアランド／リヒタスフェルト

Euphorbia dregeana（ユーフォルビア・ドレゲアナ）。車がトラブルで止まってしまい、2時間ほど周辺を歩き回った。唯一1㍍を超えていた植物

キューがとびきり美味しかった。
　翌早朝、テントから這い出るとまだ薄暗い。陽が昇る前に、近くの丘へ登ってみた。頂上付近には、Aloe gariepensis（アロエ・ガリエペンシス）が黄色い花を咲かせ、サボテンのようなEuphorbia virosa（ユーフォルビア・ウィロサ）が点々と生えていた。見下ろすと、オレンジ川は悠揚と流れ、対岸に見えるナミビアの岩山群が美しい。その背後からゆっくりと太陽が顔を出した。しばし見と

れていたが、この辺りには豹が出ると聞いていたのを思いだし、そそくさとキャンプへ戻った。

この日は渓谷沿いのルートを走った。とんでもない悪路で、ガガイモ科の開花株3種、Aloe pearsonii（アロエ・ペアルソニイ）の群生などを見ながらポート・ノロスへの帰路につくが、途中、またまたエンジントラブルに見舞われ、他の車に分乗してようやくホテルへたどり着いた。

次の日はポート・ノロスの南の海辺で、レンズ植物のFenestraria rhopalophylla（フェネストラリア・ロパロフィラ）を見た後、前日の帰路とは違うルートを北上した。アロエ・ピランシイの大木などに出合いながら、ナミビアとの国境フィウールスドリフへ。そこからは舗装路で、スプリングボックを目指してひたすら南下した。

①Euphorbia sp.（ユーフォルビア属の一種）
②Euphorbia gummifera（ユーフォルビア・グムミフェラ）
③Pachypodium namaquanum（パキポディウム・ナマクアヌム）。ハーフメンズパスと呼ばれる峠より岩山を上ると、この植物が群生していた
④フェネストラリア・ロパロフィラ。フェネストラリアは見てみたかった植物のひとつ。道路脇であっけなく見つかった
⑤パキポディウム・ナマクアヌムの花
⑥Schwantesia herrei（スクウァンテシア・ヘルレイ）
⑦Lithops herrei（リトプス・ヘルレイ）
⑧Mesembryanthemum barklyi（メセムブリアンテムム・バルクリイ）

南アフリカ共和国●ケープ地方　ナマクアランド／リヒタスフェルト

リヒタスフェルトのおかしな植物たち

　リヒタスフェルトでは想像を超える奇妙な植物たちを見た。Fenestraria rhopalophylla（フェネストラリア・ロパロフィラ）は、体のほとんどが地中にあり、わずかに半透明の葉先を地上に出して光合成を行う。ポート・ノロスの海辺で上部の砂を払ってようやく見つけることができた。Hydnora triceps（ヒドノラ・トリケプス）は見るからにあやしげだが、ユーフォルビア属に寄生する立派な被子植物。ヒドノラ科の植物は2属あり、どれも葉を持たない。123頁の写真⑦は、結実してからからに乾いたところ。同⑧は開花前の株をカットしたもので、上部の白い部分が雄しべ、下部の小さい部分が雌しべ。

この頁はすべてガガイモ科。①Larryleachia cactiformis（ラルリレアキア・カクティフォルミス）。この属はかつて、Trichocaulon（トリコカウロン）と呼ばれていた。坊主頭が並んでいるような愛嬌のある形をしている。②Quaqua incarnata（クアクア・インカルナタ）。③Tromotriche longipes（トロモトリケ・ロンギペス）。④Stapelia gariepensis（スタペリア・ガリエペンシス）。⑤Orbea namaquensis（オルベア・ナマクエンシス）。③〜⑤の花の直径は5〜6㌢。ほぼ同じ地域で不気味な姿を見せていた

①Microloma calycinum (ミクロロマ・カリキヌム)。ガガイモ科
②Acanthopsis disperma (アカントプシス・ディスペルマ)。キツネノマゴ科
③Codon royenii (コドン・ロイェニイ)。ハゼリソウ科
④〜⑥ベンケイソウ科
④Crassula muscosa (クラッスラ・ムスコサ)
⑤Crassula sp. (クラッスラ属の一種)
⑥Tylecodon paniculata (ティレコドン・パニクラタ)
⑦⑧Hydnora triceps。ヒドノラ科、⑧は⑦の断面
⑨⑩スベリヒユ科
⑨Anacampseros filamentosa (アナカムプセロス・フィラメントサ)
⑩Avonia papyracea (アウォニア・パピラケア)
⑪⑫Kissenia capensis (キッセニア・カペンシス)。シレンゲ科

南アフリカ共和国●ケープ地方　ナマクアランド／リヒタスフェルト

ユリ科

　ユリ科は単子葉植物の中でも大きな科のひとつで、世界各地で見られ、250属3500種ほどあるといわれている。アロエ属は約350種もあり、アフリカ大陸、マダガスカル島とその周辺の島々、アラビア半島に集中して分布している。ほとんどは背丈が50㌢前後だが、なかには10㍍を超える木本性のものもある。

　マダガスカル島でも木本性のアロエを数種類見たが、せいぜい高さは5㍍前後だった。それに比べて南アフリカには10㍍を超えるものがあり、その代表格がAloe dichotoma（アロエ・ディコトマ）である。ニューウッドビルの北、ガンナボス自然保護区で見た群生地は極端な乾燥地で、他に見られた植物はユーフォルビアの仲間など数種のみだった。ディコトマはナミビアでも見たが、群生している場所はやはり同じように極度の乾燥地だった。

　Daubenya aurea（ダウベニア・アウレア）は、ごく限られた場所にしか見られない希少種である。ガイドしてくれたマニング博士が特別にマル秘ポイントに連れて行ってくれた。南アの植物を見る旅では、目的の花が咲いている場所は牧草地などの私有地が多く、ガイドなしで動くのは不可能に近い。このダウベニアも、牛の糞があちこちに落ちている牧場で、少し変わった美しい花を咲かせていた。

　Bulbine（ブルビネ属）やKniphofia（クニフォフィア属）なども行く先々で群生が見られた。

すり鉢状の谷底から周囲のテーブルマウンテンの斜面を見上げると、アロエ・ディコトマが見渡す限り林立している様に圧倒された。恐らくその数は1000本を超えていた。ニューウッ

南アフリカ共和国●ケープ地方　ナマクアランド／リヒタスフェルト

①〜③アロエ属Aloe。①A. plicatilis（プリカティリス）。②A. distans（ディスタンス）。③A. variegata（ワァリエガタ）

ドビルの北、ガンナボス自然保護区で

南アフリカ共和国●ケープ地方　ナマクアランド／リヒタスフェルト　125

Daubenya aurea(ダウベニア・アウレア)。深紅の花の直径は5〜6㌢。ひび割れた粘土質の裸地に、まるで作り物を置いたように点々と生えていた

南アフリカ共和国●ケープ地方　ナマクアランド/リヒタスフェルト

ダウベニア・アウレア。左頁の赤いダウベニアと同じ種なのだが、不思議なことに混生しないで、互いに少し離れて小さな群落をつくっていた

南アフリカ共和国●ケープ地方　ナマクアランド／リヒタスフェルト

128～129頁は南アフリカで見たユリ科の植物。128頁の①～⑤はヒヤシンスの、129頁の①～⑥はツルボランの仲間。それぞれをヒヤシンス科、ツルボラン科とする分類体系もある
① Daubenya marginata（ダウベニア・マルギナタ）
②③アルブカ属 Albuca
② A. acuminata（アクミナタ）
③ A. spiralis（スピラリス）
④⑤ラケナリア属 Lachenalia
④ L. bulbifera（ブルビフェラ）
⑤ L. pallida（パリダ）
⑥⑦イヌサフラン属 Colchicum（コルキクム）
⑥ C. latifolium（ラティフォリウム）
⑦ C. capense（カペンセ）

ハンタムスベルグ山の山頂一帯は、湖と大きな岩が日本庭園のような趣をつくっている。黄色いBulbine nutans（ブルビネ・ヌタンス）が風に揺れていた

南アフリカ共和国●ケープ地方　ナマクアランド／リヒタスフェルト

①〜③ブルビネ属Bulbine
①B. succulenta（スックレンタ）
②B. sedifolia（セディフォリア）
③B. cepacea（ケパケア）
④⑤トラキアンドラ属Trachyandra
④T. falcata（ファルカタ）
⑤T. tortilis（トルティリス）
⑥Kniphofia samentosa（クニフォフィア・サメントサ）
⑦Hesperantha cucullata（ヘスペランタ・ククラタ）
⑧Onixotis stricta（オニクソティス・ストリクタ）
⑨Pauridia occidentalis（パウリディア・オッキデンタリス）
⑩Moraea miniata（モラエア・ミニアタ）
⑪Wurmbea marginata（ウルムベア・マルギナタ）
⑫Spiloxene capensis（スピロクセネ・カペンシス）

南アフリカ・ケープ地方花図鑑

①Nemesia ligulata（ゴマノハグサ科）
②Nemesia barbata（ゴマノハグサ科）
③Nemesia cheiranthus（ゴマノハグサ科）
④Zaluzianskya villosa（ゴマノハグサ科）
⑤Hyobanche glabrata（ゴマノハグサ科）
⑥Amsinckia calycina？（ムラサキ科）
⑦Anchusa capensis（ムラサキ科）
⑧Orbea variegata（ガガイモ科）
⑨Dyerophytum africanum（イソマツ科）
⑩Arctopus echinatus（セリ科）
⑪Muraltia macropetala（ヒメハギ科）
⑫Adenandra gummifera（ミカン科）
⑬Oxalis obtusa（カタバミ科）

南アフリカ共和国●ケープ地方　ナマクアランド／リヒタスフェルト

①Euphorbia caput-medusae（トウダイグサ科）
②Euphorbia burmanii（トウダイグサ科）
③Euphorbia multiceps ?（トウダイグサ科）
④Zygophyllum morgsana（ハマビシ科）
⑤Augea capensis（ハマビシ科）
⑥Sarcocaulon vanderietiae（フウロソウ科）
⑦Monsonia (Sarcocaulon) crassicaulis（フウロソウ科）
⑧Monsonia speciosa（フウロソウ科）
⑨Pelargonium incrassatum（フウロソウ科）
⑩Pelargonium crithmifolium（フウロソウ科）
⑪Lessertia (Sutherlandia) frutescens（マメ科）
⑫Grielum humifusum（バラ科）

①〜④ヤマモガシ科
①②Leucospermum conocarpodendron
③④Mimetes cucullatus
①〜④の2種はケープ半島南端、喜望峰付近で撮影。同じヤマモガシ科のProtea cynaroides（プロテア・キナロイデス）は、南アフリカの国花になっている
⑤⑥Dioscorea elephantipes（ヤマノイモ科）。⑥の実を見ると、確かにヤマノイモ科と納得できるが、⑤の肥大した茎からヤマノイモ科を想像するのは、なかなか難しい。この木質化した部分は高さ直径ともに70㌢もあった。園芸名を亀甲竜といい、マニア垂涎の一品とか。この類に興味をもちだすと危ない

MADAGASCAR

マダガスカル共和国
マダガスカル島

バオバブの仲間の代表種、Adansonia grandidieri（アダンソニア・グランディディエリ）。
夕陽を待つこと2時間。ずんぐりとした姿が夕陽によっていっそう強調される。ムルンベの南

マダガスカル。植物をはじめ、見るもの、出合うものすべてが「不思議の国」

　マダガスカルは、アフリカ大陸の東400キロのインド洋に浮かぶ大きな島である。南北は約1600キロ、東西は約570キロ、面積は日本の1.6倍ほどある。2005年、乾期の8月から9月にかけての3週間、南半分を車で駆け抜けた。

　マダガスカルはよく「不思議の国」と形容される。植物や動物、地形や人の暮らし、見るもの、出合うものすべてが想像の枠をはみ出していた。とりわけ驚かされたのが、この旅一番の目的、バオバブの木である。島の南西部、ムルンベの海沿いで出合ったバオバブたちは、植物という概念を超えた大きさだった。そのうえ、誰かがふざけて創ったとしか思えない奇妙な形をしている。植物というよりは得体の知れない巨大な生き物のように見えた。樽形の木のてっぺんから、幼子が腕を広げるように天に向けて枝が伸びている。上下逆さにすれば、枝はそのまま根っこにもなりそうだ。

　写真で絶対に伝えることができないのは匂いだが、存在感とか空気感、大きさも伝えるのは意外に難しい。このバオバブの森に2日間通い、巨大なバオバブ群に取り囲まれて時間を過ごすうち、1本の木を計測してみようと思いついた。実測してみると、幹の周りは22.9メートルあった。つまり直径は軽く7メートルを超えていた。

　しかし、その大きさを実感したのは東京に戻ってからのことだった。庭を見ながらふと、ここにあのバオバブを立たせたらどうだろうかと考えた。メジャーを持って芝生の上に印をつけてみた。そして、直径7メートルとはとんでもない大きさだとあらためて仰天したのである。

　それから7年後、赤い花を咲かせるというPachypodium baronii（パキポディウム・バロニイ）が見たくなり、そしてなにより、再び「マダガスカルの不思議」に出合ってみたくなって、雨期の11月に、3週間かけて北半分を回った。

　7年の間に政変があり、首都の治安などは悪化しているということだったが、地方では7年前にも感じた、ゆったりとした時間が流れていた。そして探し回った末に、宿の主人の故郷の、長老が埋葬されている山に登り、集落を見下ろすように生えている赤いパキポディウム・バロニイに出合うことができた。

①東地域（常緑降雨林帯）
東海岸と北西部サンビラヌ地方（標高0〜800㍍）。貿易風の影響を強く受け、年間降水量は2000〜3000㍉と湿潤な気候である。東海岸はほとんど取材していないが、トゥラナルの東、エバチャ付近がこの範囲内で、オウギバショウ、ニチニチソウ、アングラエクム・セスクイペダレなどを見た。

②中央地域・高地区（常緑山地林帯）
中央部を南北に走る山地（標高800〜2000㍍）。雨期と乾期の差があり、場所によって降水量は異なる。取材したのはアンタナナリボの東、アンダシベ周辺の雲霧林で、キンビディエラ・パルダリナを探したが見つからなかった。この地域は動物が面白かった。

マダガスカルの自然環境と植生

マダガスカルの気候と自然環境は地域によって大きく異なる。島の中央を南北に山々が連なって東西に分け、インド洋からの貿易風とモザンビーク海峡からの北西季節風が、地形と植生に大きな変化をもたらしている。右図は、Koechlin, Cuillaumet and Moratが完成させた植生地理区分図の改訂版に、進化生物学研究所の吉田彰氏が若干の変更を加えたものである（高山帯を除くなど）。ここでは、吉田氏の論文を参考にして、色分けされた5地域について植生の特徴を挙げ、取材した場所に当てはめてみた。

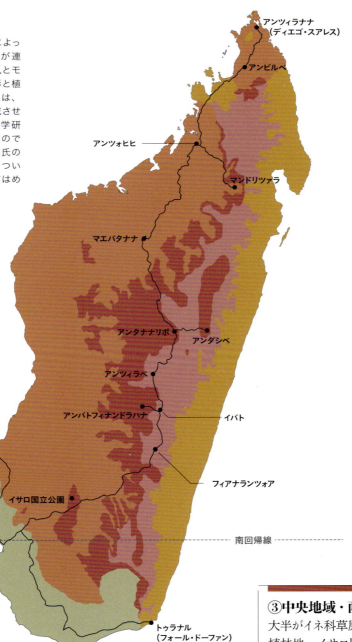

③中央地域・西傾斜区（硬葉樹林帯）
大半がイネ科草原を主体とする二次植生と、耕地や植林地。イサロ周辺では花崗岩（かこうがん）上に咲くパキポディウムを撮影した。このような特異な多肉植物も見られる。

④西地域（乾期落葉樹林帯）
インド洋からの貿易風が、中央部の山地を越えて乾いた暑さをもたらす4〜10月の乾期と、北西からの季節風が卓越する11〜3月の雨期があり、季節による変化が大きい。雨期の年間降雨量は北部で900㍉、南部で1500㍉。バオバブ6種がこの地域で見られ、取材した沿岸に連なる石灰岩地、ムルンベやアンカラナなどでは、いわゆるコーデックス・プランツのキフォステンマ、アデニア、ホウオウボクなど、特異な植物が多数見られた。

⑤南地域
トゥラナルからトゥリアラにかけての南岸部は年間降雨量が500㍉以下の乾燥地で、「棘の森」を形成するこの周辺でしか見られない固有種、ディディエレア科の仲間や、多肉性ユーフォルビア、モリンガ、ウンカリナ、オペルクリカリア、アロエなどの興味深い植物に出合えた。固有種の率は90％を超える。

前日の夕方撮影した場所を午前中の早い時間に訪れた。Adansonia grandidieri（アダンソニア・グランディディエリ）が立ち並ぶ手前には塩沼地が広がり、紅葉したアッケシソウの仲間が群生していた。ムルンベの南

塩沼地にはフラミンゴの群れが遊んでいた。畔に立つAdansonia grandidieri（アダンソニア・グランディディエリ）の樹皮ははがされ、枝が切られていたが、ひたすら大きく太く、でんと構えていた。ムルンベの南、夕方

Adansonia za（アダンソニア・ザ）とAdansonia grandidieri（アダンソニア・グランディディエリ）。南部のトゥラナルからトゥリアラを経てムルンベへの旅では、内陸部でザ、海辺でグランディディエリと、バオバブをよく見かけた。海辺の塩沼地のグランディディエリはずんぐりと樹高が低いが、少し内陸部に入るとほっそりと高くなる

Adansonia za(アダンソニア・ザ)。村人たちの通り道に立っていた大木。樹皮ははがされ、幹はくりぬかれて貯蔵庫として使われていた

Adansonia suarezensis(アダンソニア・スアレゼンシス)。アンツィラナナからウィンザーキャッスルへの途中、新緑の中にぽつりぽつりと立っていた。水平に張りだした枝が印象的

マダガスカルのバオバブ

バオバブは、新エングラー体系ではパンヤ科に分類される。Baobab（バオバブ）は英名、属の学名はAdansonia（アダンソニア）。和名ではアダンソニア属あるいはバオバブ属と表記される。

バオバブの仲間は世界に9種あり、マダガスカルではそのうち7種が自生している。北部にA. suarezensis（スアレゼンシス）。北西部の広範囲な地域にA. madagascariensis（マダガスカリエンシス）が見られ、局所的にA. perrieri（ペリエリ）が生育する。A. alba（アルバ）も記載はあるが、確認はされていない。南部にはA. za（ザ）、A. fony（フォニ）、中西部にはA. grandidieri（グランディディエリ）が分布している。

バオバブは有用植物としても知られる。樹皮は屋根や壁などの材やロープとして利用され、直径10㌢を超える果実の堅い果皮は、容器として使われる。種子の周りの白い部分は酸味と甘みがあって食べられ、種子からは油が採れる。

フォニ。イファティ近くの植物園にて

マダガスカリエンシス。アンツィラナナの北西、アンコリコケリィの山中で

左マダガスカリエンシス、右スアレゼンシス

ペリエリ。川岸にひっそりと立っていた

ザの果実、木の下にもたくさん落ちていた

色とりどりの美しい花を咲かせるパキポディウム属

バオバブの次に見たかったのが、キョウチクトウ科パキポディウム属Pachypodiumの仲間。幹が太い円柱形や球形になり、独特のたたずまいを見せる。アフリカ南部とマダガスカルに二十数種分布し、大型の美しい花を咲かせる。

マダガスカルには、赤、白、黄色の花を咲かせる種類があり、2005年の南部の旅ではP. rosulatum（ロスラトゥム）、P. gracilius（グラキリウス）、P. geayi（ゲアイ）、P. lamerei（ラメレイ）、P. horombense（ホロムベンセ）、P. densiflorum（デンシフロルム）、P.brevicaule（ブレヴィカウレ）、P. meridionale（メリディオナレ）などをカメラに収めた。

2012年の北部の旅では、赤い花のパキポディウム、P. baronii（バロニイ）とP. windsorii（ウィンゾリイ）を見ることができ、他にP. rutenbergianum（ルテンベルギアヌム）やP. decaryi（デカリイ）、ロスラトゥムも見ることができた。

①メリディオナレの群生地。高さ5〜6㍍。②メリディオナレの花。③ルテンベルギアヌム。幹は太いものでは直径1㍍にもなる。④メリディオナレは花弁の先端がねじれている。⑤ルテンベルギアヌムの花の直径は5㌢ほど

ゲアイ。高さは10㍍にもなる。幹の膨らみ具合が女性的だ。若い株は幹も枝も棘におおわれている

マダガスカル共和国●マダガスカル島

Pachypodium lamerei(パキポディウム・ラメレイ)。南部のチメライ保護区内に設けられた散策路の谷筋の一角で、ラメレイが純林といっていいほどの規模で群生していた

Pachypodium brevicaule(パキポディウム・ブレウィカウレ)。この花を目的にアンツィラベの南のイビティ山に登った。園芸名は「恵比寿笑い」。丸まった幹は牛糞のように見えた

マダガスカル共和国●マダガスカル島

Pachypodium gracilius（パキポディウム・グラキリウス）。イサロ国立公園のホテルの近くで、前日ロケハンしておいた場所へ早朝出かけた。株はみな大きく、幹の直径が60〜70㌢のものもあった

Pachypodium rosulatum(パキポディウム・ロスラトゥム)。マンドリツァラで、パキポディウム・バロニイを探していたとき、岩場に群生していた。この仲間は変種、亜種が多く、分類が難しい

Pachypodium horombense(パキポディウム・ホロムベンセ)。イサロ国立公園の東、イフシの町を過ぎた辺りの道路脇の岩場で、花茎をたくさん伸ばし、満開の花を咲かせていた

Pachypodium baronii（パキポディウム・バロニイ）。車から見えた赤い花を目指して急な斜面を30分ほど駆け上った。大きさ、太さ、奇怪さ、そして美しさに言葉も出なかった

Pachypodium windsorii(パキポディウム・ウィンゾリイ)。針の山のようなツィンギーでの移動は危険がいっぱいだ。夢にまで見たこの花にようやく出合うことができ、しばし見とれてしまった

Pachypodium baronii（パキポディウム・バロニイ）。花の赤みがウィンゾリイより強い

Pachypodium windsorii（パキポディウム・ウィンゾリイ）

Pachypodium densiflorum（パキポディウム・デンシフロルム）。花は小さめで花筒が短い

Pachypodium rosulatum（パキポディウム・ロスラトゥム）。花はデンシフロルムより大きめ

コーデックス・プランツ①

　園芸植物用語に多肉植物という言葉がある。主に乾燥した土地に生育し、葉、茎、根などに水分を貯蔵するため、葉や茎などが肉厚となった植物たちを指す。そのなかでも、幹や茎、根などを極端に肥大化させて水分や栄養分を蓄え、乾燥に備えている植物たちを、Caudex plants（コーデックス・プランツ）と呼んでいる。

　コーデックス・プランツの多くはつぼ形やとっくり形のような、奇妙でどこかユーモラスな形になるため、園芸家のみならず、一般の人たちの興味をも引く。そもそも私がマダガスカルに行こうと思いたったのも、コーデックス・プランツの代表格ともいえるバオバブとパキポディウムに興味をもったからといえる。

　乾燥地の多いマダガスカルには、さまざまなコーデックス・プランツが生育している。バオバブの名でよく知られたアダンソニア属（パンヤ科）をはじめ、パキポディウム属（キョウチクトウ科）、キフォステムマ属（ブドウ科）、アデニア属（トケイソウ科）、ウンカリナ属（ゴマ科）、オペルクリカリア属（ウルシ科）、ディディエレア属（ディディエレア科）、アルアウディア属（ディディエレア科）、ワサビノキ科などである。

　ブドウ科のキフォステムマ属は、ナミビアで見たCyphostemma currorii（キフォステムマ・クロリイ）の印象が強く残っている。高さ5～6㍍、幹の直径は1㍍を超え、つるつるとした木肌がコーデックス・プランツの特徴をよく表していた。マダガスカルでは、重量感のある太い幹の先端からつる状の枝を鞭のように伸ばしたCyphostemma sp.（キフォステムマ属の一種）の姿がひときわ印象的だった。

バロニイ。中央の角状のものは果実

ウィンゾリイ。球体部はバロニイより小さい

ロスラトゥム。花筒が長い

デカリイ。花は直径5～6㌢

Pachypodium decaryi（パキポディウム・デカリイ）。フレンチマウンテンのツィンギー（針の山）上で這うように枝を伸ばし、不規則な形をした花を咲かせていた

Cyphostemma sp.（キフォステムマ属の一種）。この仲間は大きいものでは、幹の太い部分が直径1㍍を超え、高さ2〜3㍍にもなる

Adenia sp.（アデニア属の一種）。この植物がパッションフルーツと同じトケイソウの仲間とはとても思えない。新葉がみずみずしかった

Cyphostemma sp.（キフォステムマ属の一種）。ツィンギーの白い岩のなかで、この赤色と新緑が鮮やかな対比を見せていた

キフォステムマ属の一種。実の形からブドウ科であることが納得できる

①キフォステムマ属の一種。花。②キフォステムマ属の一種。実

コーデックス・プランツ②

　トケイソウ科アデニア属の根元はキフォステムマ属の幹をさらに押しつぶしたような平たいとっくり形で、あたかも幹の下部が土の中に埋まっているかのような面白い形をしている。大きいものでは根元の直径が50㌢を超え、表皮の色から石ころのようにも見える。

　ワサビノキ科のMoringa droughardii（モリンガ・ドロウガルディ）をよく目にしたのは民家や墓の周辺など。それらは植栽されたものと思われたが、トゥラナルの南の海沿いの傾斜地では、点々と野生状態で生えているのが見られた。根元の直径は1㍍を超え、大木になる。細かく小さな葉が特徴である。

　ウルシ科のOperculicarya pachypus（オペルクリカリア・パキプス）も、モリンガの群生地近くで見られた。こちらは高さ1㍍ほどと小さい。

Adenia sp.（アデニア属の一種）。花や葉の形に特徴があった

アデニア属の一種。チョコレート色の葉が新緑のなかでひときわ目立っていた

①アデニア属の一種。ツィンギーの岩と同じ色をしている。②モリンガ・ドロウガルディ。南端の村マロバト近くの海辺で。③オペルクリカリア・パキプス。モリンガに比べると小さいが、それでも幹の直径は30〜40㌢

マダガスカル共和国●マダガスカル島

Delonix boiviniana（デロニクス・ボイウィニアナ）。午後になると暑さでしおれてしまうので、午前中に撮影。アンカラナ国立公園で、見下ろすように狙った

デロニクス・ボイウィニアナ。樹林帯では高木になるが、ツィンギーでは岩を這うように枝を伸ばしていた。アンカラナ国立公園

マメ科デロニクス属

　デロニクス属は世界に10種ほど分布し、そのほとんどがマダガスカル島で見られる。

　なかでもホウオウボク、Delonix regia（デロニクス・レギア）は、高さ20㍍近くの高木になる。花も美しいため、世界各国に広く導入されて、公園などに植えられている。マダガスカルでも、街路樹、公園、小学校の校庭などによく植えられていた。

　アンカラナ国立公園で見たデロニクス・ボイウィニアナは、樹林帯では20㍍を超す大木になり、ツィンギーでは少々いびつな姿ながらも、元気に花を咲かせていた。

　Delonix decaryi（デロニクス・デカリイ）は幹がとっくりのような形をしていて、農家の庭先などでよく見かけた。

村のシンボルツリーになっていたデロニクス・デカリイ

①デロニクス・ボイウィニアナ。花の直径は8㌢ほど、中心部が黄色。②ホウオウボクの花。アンツィラナナの町中で

ホウオウボク。野生ということだったが、農家の裏庭だったので少々あやしい。フレンチマウンテン付近で

アントハヘラ国立公園のチメライ保護区への林道で出合ったUncarina grandidieri（ウンカリナ・グランディディエリ）の大株。複雑に伸ばした枝先に満開の花をつけていた

ウンカリナ。マダガスカル特産のゴマ科の木

「ライオンゴロシ」というすさまじい呼び名のついた、ゴマ科Harpagophytum属の植物が、南アフリカ、ナミビア、ボツワナの乾燥地に生え、薬草としても利用されているらしい。

問題はその果実。直径10㌢ほどの木質の実には鋭い棘が十数本ついていて、その先端が鉤針状になっている。動物の皮膚や手足に簡単に付着し、取り除こうとして触れれば、さらに肉に食い込んで決して抜けない。口で抜こうとすれば口に刺さり、そのうち口の中が化膿し、物が食べられなくなり、のたうち回ったあげく、力尽きて倒れるといったこともあるというのである。

マダガスカルには、近縁の固有属ウンカリナ属が分布する。14種ほどが知られ、同じような形状の実をつけるという。ぜひとも見たいと思い、リクエストしておいた。植物園にあるものや不明種を含めると5～6種を見ることができたが、花の色はすべて黄色だった。花が赤紫色のUncarina abbreviata（ウンカリナ・アッブレウィアタ）や、白色のUncarina leptocarpa（ウンカリナ・レプトカルパ）があるのをあとで知って残念な思いが残った。

実は種によって少しずつ異なり、直径4.5～8㌢ほど、棘は本家の「ライオンゴロシ」より細めで長く、繊細、そして多い。それだけに、誤って触れると指先に引っかかり、取り除くのに苦労することになる。上向きに開いた不規則な花弁の形がユニークだ。

①～⑥ウンカリナ属Uncarina。①U. grandidieri（グランディディエリ）。②U. ankaranensis（アンカラネンシス）。③U. peltata（ペルタタ）。④U. leandrii（レアンドリイ）。⑤U. roeoesliana（ロエオエスリアナ）。⑥アッブレウィアタの実

Uncarina peltata(ウンカリナ・ペルタタ)。アンカラナ国立公園のツィンギーの半日陰地に群生していた。花だけでなく、実になったものもあって、開花期が長いのが分かる

Euphorbia bulbispina（ユーフォルビア・ブルビスピナ）。ウィンザーキャッスル山頂の岩場の縁に群生していた。白い花の直径は1㌢ほど。手前はAloe suarezensis（アロエ・スアレゼンシス）

ユーフォルビアの仲間

　トウダイグサ科ユーフォルビア属は、世界に2000種近くあるとされ、亜熱帯、熱帯地域に多く、温帯まで広く分布している。大半が草本(そうほん)で、アフリカ地域には多肉化したものが多い。大きさは数ボから数㍍のものまで多様である。また、多肉ユーフォルビアは、茎や葉にアルカロイドを含んだ乳液を含み、傷つけると切り口から白っぽい液を出す。この液は有毒だが、有用植物として活用されたりもする。

　マダガスカルで見られる代表格は、園芸種として世界中でよく知られるハナキリンの仲間で、マダガスカルの固有種である。花の色は赤、白、黄、グリーンと変化に富んでおり、形も面白い。

①～⑧ユーフォルビア属Euphorbia。①E. milii（ミリイ）。いわゆるハナキリンの代表形。原種。②E. didiereoides（ディディエレオイデス）。③E. viguieri（ウィグイエリ）。マンドリツァラの岩場で。④E. fianarantsoae（フィアナランツォアエ）。⑤E. ankaranensis（アンカラネンシス）。ツィンギーの中で。⑥E. neohumbertii（ネオフムベルティイ）。⑦E. viguieri（ウィグイエリ）。フレンチマウンテンで。⑧フィアナランツォアエ

Euphorbia stenoclada（ユーフォルビア・ステノクラダ）。アンバトフィナンドラハナのAloe cipolinicola（アロエ・キポリニコラ）が群生していた岩場に点々と生えていた

カランコエとリプサリス

またマダガスカルに行く機会があれば、ぜひ登ってみたいのがマダガスカルの最高峰、標高2876㍍のツァラタナナ山である。北部の旅の途中、車窓から遠くに見えるその山を見ながら、そんなことをファーリ先生に言うと、山頂へは道はなく、雲霧林のジャングルを這いずり回るような山歩きを、2～3泊しないといけないと言う。しかし、そこには数々の興味深い植物が見られ、園芸種として世界中によく知られているカランコエの原種Kalanchoe blossfeldiana（カランコエ・ブロスフェルディアナ）も生育していると聞いて、ますます登りたくなった。

マダガスカルにはベンケイソウ科カランコエ属は100種以上が自生し、その3分の2ほどが特産種とされている。その形状は、茎の高さ10㌢前後のKalanchoe pumila（カランコエ・プミラ）から、高さ3㍍にもなるKalanchoe beharensis（カランコエ・ベハレンシス）までさまざまだ。

アンバー山国立公園内の樹林帯で、大木に紐状のものをぶらさげた奇妙な植物を見かけた。Rhipsalis baccifera（リプサリス・バッキフェラ）というサボテン科の植物。マダガスカルで見られるサボテン類はリプサリス属に限られるという。ほとんどが垂れ下がる形状をしており、棘もなく、花はごく小さい。アンバー山国立公園では実（丸くて白い）しか撮影できなかったが、旅の最後、ムラマンガの雲霧林で小さな花を見ることができた。

①～⑦カランコエ属Kalanchoe。①K. tubiflora（トゥビフローラ）。②ベハレンシス。③K. linearifolia（リネアリフォリア）。④K. orgyalis（オルギアリス）。⑤K. tomentosa（トメントサ）。⑥K. bitteri（ビッテリ）。⑦Kalanchoe sp.（カランコエ属の一種）

マダガスカル共和国●マダガスカル島

リプサリス・バッキフェラ。ラン科の植物を探して、アンバー山国立公園内を歩き回ったときに出合った。円の中はバッキフェラの花、直径7〜8㍉と小さい

マダガスカル共和国●マダガスカル島

Aloe cipolinicola（アロエ・キポリニコラ）。進化生物学研究所の吉田彰氏に勧められて訪れたのがアンバトフィナンドラハナ。開花株も多い

アロエ・キポリニコラ。大理石の採石場に点々と生えていた。大きいものは高さ4㍍を超えている

Aloe cipolinicola（アロエ・キポリニコラ）の開花株。アンバトフィナンドラハナは標高が1000㍍前後と高いせいか涼しく、ゆっくりと撮影できた

アロエの仲間

　私の世界の植物を訪ねるキーワードは、奇妙、巨大、大群生などなど。
　このアロエ・キポリニコラの場合は、広大な荒野に背の高いアロエが大群生する景観が素晴らしいと聞いて、なんとしても見に行きたいと思った。しかし、このような植物が生えている場所は、例外なく僻地や奥地。アンバトフィナンドラハナへも、脇道に入って車で丸一日かかった。村の宿で1泊し、翌日、周辺の山々を歩き回った。
　その他にも、南部のトゥラナルからベロハにかけての海辺を中心に、Aloe helenae（アロエ・ヘレナエ）、Aloe vaotsanda（アロエ・ヴァオツサンダ）、Aloe vaombe（アロエ・ヴァオムベ）などの大きなアロエを見た。どれも4〜6㍍の高さで、周辺には小さなアロエも数多く見られた。

①〜⑥アロエ属Aloe。①ヘレナエ。②A. divaricata（ディヴァリカタ）。③ヴァオツサンダ。④A. deltoideodonta（デルトイデオドンタ）。イサロ国立公園で。⑤A. antandroi（アンタンドロイ）。⑥A. conifera（コニフェラ）

Didierea madagascariensis（ディディエレア・マダガスカリエンシス）。トゥラナルからムルンベへのロングドライブで、目的地を目前に、夕陽が落ちてしまった

Didierea madagascariensis（ディディエレア・マダガスカリエンシス）。ムルンベ近くの村の一角に群生していた。棘の林を慎重に歩き、夕方の光線で撮影

Alluaudia procera（アルアウディア・プロケラ）。早朝、ベレンティ保護区内を歩く。不思議な感覚にとらわれた

マダガスカル固有の科・カナボウノキ科の植物たち

バオバブが見たい、ということから始まった2005年のマダガスカルへの旅だが、入念な下調べをするうちに、膨大な数の「見たい植物」リストが出来上がった。図鑑や画像などで知っていた植物も多かったが、まったく見たこともない植物もいくつかあった。

なかでも、最も興味を引かれたのが、カナボウノキ科の植物たちである。ガイドをお願いしている横山利光氏に、「この科のものをできるだけ見たい」と、メールでリクエストしておいたところ、彼の事前調査のおかげで、8種類に出合うことができた。乾期だったので、花や葉をほとんど見ることができなかったのは残念だったが、棒状の全身を棘でおおった異形を目にしただけで、好奇心は充分満たされた。

カナボウノキ科は4属11種、アルアウディア属6種、アルアウディオプシス属2種、ディディエレア属2種、デカリア属1種。すべてマダガスカルの固有種で、南西部の乾燥地に分布している。

このうち出合えたのは、アルアウディア属のモンタニヤッキとアルアウディオプシス属の2種以外の8種。アルアウディア属AlluaudiaはA. ascendens（アスケンデンス）、A. comosa（コモサ）、A. dumosa（ドゥモサ）、A. humbertii（フンベルティイ）、A. procera（プロケラ）の5種、ディディエレア属DidiereaのD. trollii（トロリイ）、D. madagascariensis（マダガスカリエンシス）の2種、それにデカリア属のDecarya madagascariensis（デカリア・マダガスカリエンシス）である。

ベレンティ保護区のあるアンボサリーで見た棘の森は、10㍍を超すアルアウディア属のプロケラとアスケンデンスの群生林で、見事な景観を見せていた。

マダガスカル共和国●マダガスカル島

①②アルアウディア・アスケンデンス。③アルアウディア・コモサ。④アルアウディア・ドゥモサ。⑤アルアウディア・フンベルティイ。⑥アルアウディア・プロケラ。⑦プロケラの幹でできた家。⑧⑨デカリイア・マダガスカリエンシス。⑩ディディエレア・トロリイ

Ravenala madagascariensis（ラウェナラ・マダガスカリエンシス）。扇状の葉柄の連なりが美しい。外側に行くほど葉が裂けてぼろぼろになっている。中央に花穂が見られるが、ほとんど実になっている

「旅人の木」・トラベラーズツリー

Ravenala madagascariensis（ラウェナラ・マダガスカリエンシス）の和名は「旅人の木」あるいは「扇芭蕉」、英名はTravelers Treeトラベラーズツリー。新エングラー体系では葉の形などからバショウ科に含まれるが、クロンキスト体系などではゴクラクチョウカ科として独立させている。

熱帯地域の公園などに植えられているのをよく見かける。日本でも植物園の温室などに植栽されているのを、何度か見たことがあるが、マダガスカル原産だと知って、自然な状態で生えている姿を見たくなった。

「旅人の木」という名前の由来は、葉柄が集まった根元の部分をナイフで切ると水が出てきて、旅人がこの水で喉をうるおす、ということらしい。しかし、実際に野生しているところを現地で見ると、水辺の近くなどに多いので、この説にはちょっと疑問が残る。それよりも、この木の大きさから、旅人の目印となるからではないかと思った。「扇芭蕉」の別名があるように、長さ5㍍ほどの葉が扇状に広がって、大きなものでは高さ20㍍にもなり、遠くからでもかなりよく目立つからである。

マダガスカル南端の町、トゥラナル（フォール・ドーファン）郊外で、この木を訪ね歩いたが、乾いた岩山の斜面、草原、湿地、川辺など、あまり場所を選ばず、あちこちで群生していた。

ラウェナラ・マダガスカリエンシス。南部のエバチャ村付近の岩山の上。岩盤の隙間沿いに並んで生えていた。近くに行くと葉が風を切る音がバサバサとやかましかった

ラウェナラ・マダガスカリエンシス。北部のアンバンジャ付近の山間部で。ファーリ先生によると、南部のものよりも小ぶりで、少し違うのではないかとのこと

ヤシ科、タコノキ科の植物

トゥリアラからイサロ国立公園への快適な舗装道路は、標高を少しずつ上げ、1000㍍を超えた。なだらかに広がる草原にヤシ科のBismarckia nobilis（ビスマルキア・ノビリス）が目立ちはじめる。大きな葉が涼しげだ。岩山を背にこの木だけが立ち並ぶ様は壮観。

イサロ国立公園内の美しい滝壺の周辺にはタコノキ科のPandanus ambongensis（パンダヌス・アムボンゲンシス）が林立していた。

①②ビスマルキア・ノビリス。掌状に広げた葉の直径は1.5㍍もある。①はイサロ国立公園、②は北部で

ビスマルキア・ノビリス。適度な距離を保って5㍍くらいの高さで生えている。大きくなると高さ20㍍にもなるという

Hyphaene coriacea（ヒファエネ・コリアケア）。ムルンベの南、海辺の塩沼地より少し内陸の草原状の場所に点々と生えていた

Pandanus rollotii（パンダヌス・ロロティイ）。トゥラナル郊外の沼地で

パンダヌス・アムボンゲンシス。イサロ国立公園内の小川に沿って並んでいた

ランの仲間

マダガスカルはランの仲間も多く、その数は57属1000種ほどだという。そのうち約90％が固有種である。

実は私はランにあまり興味をもたないようにしている。というのは、ラン科→希少種→栽培→乱獲へとなりがちで、国内、海外を問わず、この図式が出来上がっているからだ。現地に行くと盗掘の穴だらけ、という経験を何度かするうち、撮ろうと思わなくなった。

しかし、マダガスカルではどうしても見たいランがいくつかあり、リクエストしておいた。Angraecum sesquipedale（アングラエクム・セスクイペダレ）の場合、生育地の情報はなく、出合えたのは偶然だった。南の旅の取材2日目、道路沿いの岩場に登ってみると、そこは石切場で、おじいさんがこつこつと岩をハンマーで砕いていた。横山氏がアングラエクムの花の様子を説明して尋ねたところ、10㍍ほど先の草むらを指し示した。そこに群生していたのである。

姿形は普通のランだが、距（写真では花の中央部から垂れ下がっている）が異常に長く、30㌢もある。かつてダーウィンがこの長い距に注目し、先端にたまった蜜を吸う蛾が必ず存在するはずだ、と推測した。そして40年後、長さ30㌢の口吻（ストロー状の吸蜜管）をもつキサントパンスズメガが発見されたのである。花は夜、芳香を放って蛾を呼び寄せ、蜜を吸わせるかわりに花粉を運んでもらう。乳白色の花は暗闇でよく目立つという。

①アングラエクム・セスクイペダレ。②Angraecum rhynchoglossum（アングラエクム・リンコグロスム）。③Angraecum scottianum（アングラエクム・スコッティアヌム）。④Microcoelia aphylla（ミクロコエリア・アフィラ）。⑤Microcoelia perrieri（ミクロコエリア・ペリエリ）。⑥Cymbidiella flabelata（キンビディエラ・フラベラタ）。⑦Grammangis ellisii（グラムマンギス・エリシイ）

Cymbidiella pardalina（キンビディエラ・パルダリナ）。ロドキラという異名もある。自生品を見ることがかなわず、ファーリ先生の知人宅で着生させた植栽品を撮影

Vanilla madagascariensis（バニラ・マダガスカリエンシス）。アンカラナの国立公園で、ツィンギーの上部から不安定な姿勢で撮影。花の直径は10㌢前後

マダガスカル共和国●マダガスカル島

「カメレオン王国」マダガスカル

　もともとカメやヘビ、トカゲなどの爬虫類が大好きなので、マダガスカルでカメレオンを見るのを楽しみにしていた。南部の旅では乾期ということもあって、ほとんど見ることができなかったが、北部の旅では、雨期ということもあって、ジャングルの中や小灌木の藪で、また道路を横断しているカメレオンに出合うことができた。

　小さいものでは世界最小の体長2ミリ弱のBrookesia tuberculata（写真①と⑥）から、体長が30ミリ近くもある大きなCalumma parsonii（写真⑦と⑪）まで、ほとんど毎日のようにどこかで見かけること

ができた。
　夜行性のCalumma oshaughnessy（写真⑫）は、夕食のあとで見に出かけた。
　観察して面白かったのが早朝の時間帯。あるホテルの庭では、満開のバラ科の植物に、蛇や甲虫類など、無数の小昆虫がたかっており、その虫を5〜6匹のカメレオンが食べていた。それまで見てきた、ゆったりとした動きが嘘のように、枝から枝へスピーディに動く様子には驚かされた。
　写真②④⑨⑩Furcifer pardalis。⑧体長5㌢ほどのBrookesia stumpffi。③⑤種名不明。

マダガスカルの珍しい動物たち

　世界の植物を訪ねる旅は、秘境、辺境への旅でもある。そこには珍しい植物のみならず、興味深い生き物も多数生息している。

　マダガスカルは、植物同様、動物も固有種が多いことで知られる。なかでも原猿類は30種以上が生息し、すべて固有種である。アンカラナやアンダシベの樹林帯では、そのなかの数種を見ることができた。

　南部の旅では、マダガスカルホシガメ Astrochelys radiata が道路を歩いているのに出くわした（写真⑨）。北部のアンバー山国立公園では、ヤマビタイヘラオヤモリ Uroplatus sikorae が木肌と一体となって見事な擬態を見せていた（写真①）。ガイドが木を揺するとヤマビタイヘラオヤモリも少し動いたので（写真②）、その存在にようやく気づかされた。その他にも、アンダシベ周辺でカメレオンを探して飛び回るカメレオンイーターの青い鳥 Coua

　caerulea（写真⑤）などなど、多くの動物たちにレンズを向けてしまった。
　写真③Avahi laniger。インドリ科アバヒ属の原猿。④Lepilemur ankaranensis。イタチキツネザル科イタチキツネザル属の原猿。⑥Propithecus diadema。インドリ科シファカ属の原猿。⑦Trachelophorus giraffa。キリンクビナガオトシブミ。キリン・ゾウムシと呼ばれることもある。⑧Indri indri。インドリ。最も大型の原猿。⑩Phelsuma madagascariensis。マダガスカルヒルヤモリ、グランディスオオヒルヤモリとも呼ばれる。⑪Guibemantis sp.。体長わずか1㌢ほどの小さなカエル。⑫Caprimulgus enarratus。マダガスカルヨタカの仲間。⑬Eulemur fulvus。カッショクキツネザル。⑭背中の色を枯れ葉と同じ色に変えて擬態したカエル（矢印の先にいる）。種名は不明。⑮Terpsiphone mutata。

マダガスカルの人々と市場

　南部の旅の初日、まず、その日の昼食用の食べ物を仕入れるために市場へ寄った。車から離れるとき、横山氏が車をロックしなかったので驚いた。車内にはカメラ機材が入っており、外からもまる見えだ。周辺は買い物をする人々であふれているが、彼は「大丈夫、盗まれない」と断言した。いろいろな国に行っているが、後にも先にもこんなことは初めての経験だった。

　こういう場所で盗みを働けば、一生盗人の烙印を押されて生きなければならない。誰もそういうリスクは犯さない、ということだが、彼のマダガスカルの人たちへの信頼が感じ取れた。これ以後も、ロックすることはなかった。ただし、あとでその話を聞

いた旅行エージェンシーからは、「それはダメだよ」と言われていたが。

南部、北部ともに市場があれば必ず立ち寄った。売る人も買う人も、笑顔が素敵だった。

写真①アンダシベの駅舎。②アンツィラナナの市場で。③ソフィア川の河畔で。④マンピコニの北で開かれていた市場。⑤ソフィア河畔の村にて。踊る人。⑥マンドリツァラの牛飼い人。⑦普段は荒野だが、市場の開かれる日は賑わう。南部の村で。⑧田植え。アンタナナリボ郊外で。⑨アンダシベの駅舎で遊んでいた子供。⑩マンドリツァラの村の一族。とにかく子供が多い。⑪ずっとついてきた子供たち。⑫アンツォヒヒの市場で。

マダガスカル日記 南部編

トゥラナル（フォール・ドーファン）付近

　マダガスカルに着いた翌日、島のちょうど中心辺りに位置する首都アンタナナリボから、島の最南東端の町、トゥラナル（フォール・ドーファン）へ飛行機で飛んだ。ここを出発点に、車で18日間かけてアンタナナリボまで北上するのである。

　トゥラナルの空港には、これからの旅を共にする横山利光氏が迎えに来てくれていた。普通、ガイドとドライバーは別の人間が担当するのだが、彼は両方を兼ねてくれるという。青年海外協力隊でマダガスカルに派遣されたのがきっかけで、13年前からこの地で暮らしている。彼の家の前が通学路だった女学生を見初め、長い交際期間を経て結婚したばかり。フランス語、マダガスカル語が堪能で、植物にも詳しく、なんとも心強い。こうして、同行する私の妻も加えた3人の旅が始まった。

　町の中華料理屋でラーメンの昼食をとり、まずは下見と、彼の車「ランドクルーザー」で東側の岬に近い村、エバチャまで往復する。

　翌日、前日往復した同じ場所をさらに奥地まで進む。途中、石切場があり、少し上ってみると、岩盤のくぼみに、ダーウィンの興味を引いた、長い距をもったAngraecum sesquipedale（アングラエクム・セスクイペダレ）の開花した株が見つかった。取材開始早々に、撮りたいがどこに咲いているのか分からないと思っていたものに出合えるとは、幸先がいい。横山氏ののんびりとした人柄もあり、この後、最後まで旅はゆったりと楽しく充実したものとなった。

　海辺の方へ南下すると、岩場に「旅人の木」、Ravenala madagascariensis（ラウェナラ・マダガスカリエンシス）の群生地が現れた。

　この周辺では、水辺でマダガスカルウツボカズラの和名があるNepenthes madagascariensis（ネペンテス・マダガスカリエンシス）の群生が、岩場ではハナキリンの代表種、Euphorbia milii（ユーフォルビア・ミリイ）、林の縁では高さ4〜6㍍にもなるAloe helenae（アロエ・ヘレナエ）の花が見られた。

トゥラナル〜ベレンティ保護区〜ツィオンベ

　旅の朝は市場に寄ることから始まる。かつてフランスの植民地であったことから、マダガスカルの食文化にはフランスの影響が残っている。そのひとつがフランスパンだ。焼きたてのフランスパン、チーズ、トマト、バナナなどを買い込み、国道13号線を西に向けて出発。昼近く国道13号線を離れて北に入り、チメライ保護区を目指す。途中、道路脇に満開のUncarina grandidieri（ウンカリナ・グランディディエリ）を見つけた。

　この日初めてバオバブの仲間Adansonia za（アダンソニア・ザ）を見た。遠目でもその巨大さがはっきりと分かる。チメライ保護区のガイドの案内で、周遊コースを2時間ほど歩いたが、パキポディウムやキフォステンマの仲間、カナボウノキ科などの奇妙な形をした植物たちが次々と姿を現し、興味は尽きなかった。

　この日はベレンティ保護区内のロッジに泊まった。園内には棘の森と呼ばれるカナボウノキ科の植物が多く、その中を数種のキツネザルが遊んでいた。

　ベレンティ保護区で一夜明け、ワオキツネザルの日光浴を見なが

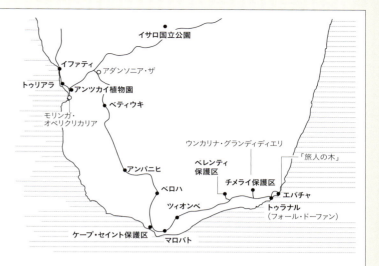

①トゥラナル近郊のエバチャ村で
②③Catharanthus roseus（キョウチクトウ科）。園芸種、ニチニチソウの原種。マロバト付近の村の一角にたくさん生えていた
④ネペンテス・マダガスカリエンシス（ウツボカズラ科）。エバチャ村近くの湿地に群生していた
⑤ツィオンベの南、マロバト周辺で見た立派な墓
⑥Jatropha mahafalensis（トウダイグサ科）。南部のベロハの南で。この花が満開だった
⑦イサロ国立公園の朝。Pachypodium gracilius（パキポディウム・グラキリウス）だらけの岩場から。ぜいたくなひととき

ら園内のレストランで朝食。午前中、周辺のカナボウノキ科の棘の森を撮影した。

ツィオンベ〜アンパニヒ

乾期のマダガスカルは湿度が低いので、朝夕は過ごしやすい。ところが、次の目的地へと車を走らせていて、昼から午後にかけた時間になると、車内は40度を超える。開けた窓からは熱風が顔に吹き付け、フロントガラスからの強い日差しにさらされる。エアコンなんて無論ない。しかし、横山氏は愛車を慈しむように大事に運転するので、車内がこんな劣悪な状態になっても、乗り心地は抜群である。そして、車のメンテナンスを自分でするため、横山氏のランドクルーザーはいまだアナログだ。そろそろ車を買い換えたいらしいが、新しいランドクルーザーはコンピューター搭載なので、悩むところなのである。

ところで、ツィオンベではローカルな安宿に泊まった。朝、食堂へ行くと女主人がものすごく怒っていた。マナーの悪い泊まり客がいたのだ。トイレは部屋にはついていないので、外まで出なければならないが、さほど遠くなく、不潔でもない。それなのに、若い欧米系の女性が室内のシャワールームで用を足し、そのまま知らん顔してチェックアウトしてしまったのだという。この女性、車をチャーターしてのひとり旅のようで、その後も見かけた。何でも、マダガスカルに駐在する世界食糧計画の正規職員らしかった。個人の資質によるとはいえ、植民地時代がまだ残っているようで、いやな気持ちになった。

この日は国道10号線を南に離れ、海沿いの田舎道を走る。悪路だが、マダガスカル固有種で絶滅危惧種にも指定されている、マダガスカルホシガメが歩いているのを10匹ほど見ることができた。カメ好きの私は見かける度に車を止めてもらい撮影。大きいのは体長30ガ以上ある。甲羅の文様が美しかった。

やがて、道路沿いに奇妙な形をした建造物が目につきだした。大きなものは10×15ガほどもある。鮮やかな彩色、飛行機やトラック、車両などがあしらわれ、牛の角（頭）もごろごろと置かれている。この地方独特の墓だという。故人が憧れていたものをオブジェ化しているのである。それにしてもその立派さには驚いた。

一般のマダガスカルの人たちは決して豊かではない。木と藁で造った小さな家に住んでいることも珍しくない。墓にお金をかけるなら、住んでいる家をどうにかしたらと思うのだが、「家が立派だと亡くなった人の霊が戻ってきてしまうから」という理由（信仰）で、そうしないらしい。また、財産は残さないのが普通で、亡くなった人が所有し

ていた牛も葬式のときに、村人に振る舞われるのだという。その名残が墓を飾る牛の角（頭）というわけである。

マダガスカルに先住民はいないという話を聞いた。先祖は遠い昔、インドネシアから漂流してきた人々だという。そこにアフリカの人たちが移住してきて、今の多民族国家となったのである。そういえば、マダガスカルの人たちの顔立ちにはどこかアジアっぽい印象がある。

この日見たのは、Aloe vaotsanda（アロエ・ヴァオツサンダ）、Aloe divaricata（アロエ・ディヴァリカタ）、Alluaudia comosa（アルアウディア・コモサ）、Alluaudia dumosa（アルアウディア・ドゥモサ）で、ほぼすべてのカナボウノキ科の植物を見たことになる。この日の宿では、水不足のため、トイレとシャワー用にバケツ1杯の水を支給されたのみだった。

アンパニヒ～トゥリアラ

国道10号線から幹線道路7号に出る手前で、夕焼けが美しく、バオバブの一種Adansonia za（アダンソニア・ザ）の夕景を撮影。

トゥリアラ～ムルンベ

いつものように朝7時出発、全線未舗装だった。土埃にまみれながら悪路を北上する。途中、Adansonia grandidieri（アダンソニア・グランディディエリ）を見ながらひた走る。夕方、ようやくムルンベにたどり着いた。

ムルンベ

午前中はこの旅初めての休養、日記を整理したり、洗濯をしたりする。あっという間に洗濯物が乾く。昼から海沿いの砂地の道を迷いながら南下した。四輪駆動車でも危うい悪路だ。雨期にはとても

走れないだろう。道に迷いながら3時間ほどかかって、目的のアダンソニア・グランディディエリの群生地にたどり着く。

干上がった塩湖に、紅葉したアッケシソウの仲間が群生し、その向こうに無数のアダンソニア・グランディディエリが並んでいた。夕陽が沈むまでとどまり、撮影する。帰路は迷うことなく2時間ほどで宿に着いた。

翌日も同じ場所へ。途中、アシやガマの葉で屋根を葺いた小さな住まいが点在するアンダヴァドゥアカの部落を通り過ぎる。人々が物珍しそうに私たちを眺めていた。そういえば、昨日も今日も車には1台も出合っていない。

前日行った場所よりさらに奥へ進むと小さな湖があり、フラミンゴがたくさん遊んでいた。他に2～3種の鳥が羽を休め、こぶ牛もゆったりとなごんでいる。そのさらに奥に、ずんぐりと個性的なアダンソニア・グランディディエリが並んでいた。このうえなく美しい場所だ。離れがたく、湖を前景にこの日も夕陽が沈むまで撮影し、幸せな一日を過ごした。

暗くなってのムルンベへの帰り道、道路脇で光る眼がある。車でライトアップすると、木の枝に止まったネズミキツネザルが、じっとこちらを見ていた。

ムルンベ～イファティ～トゥリアラ

南へ戻る長い移動を経て、イファティのホテルへ。翌日は、これ

①干上がった塩湖で、アッケシソウの仲間が紅葉していた。②ムルンベの南、海辺の小さなアンダヴァドゥアカの村で。③アンバトフィナンドラハナで。④アンバトフィナンドラハナ近くの村。⑤⑥⑦イビティ山山麓の村で。土壁の色や窓の形が素敵だ

まで車での行動も多く、ずっと休んでいなかったので、ホテル前のビーチで泳ぐなどして休息する。1泊の後、州都のトゥリアラに向け出発。明るいうちに宿泊する地に入るのは、この旅始まって以来のことだ。町は土曜日のせいか、人力車と人の往来が激しく、活気がある。

トゥリアラ～イサロ国立公園

植物園2カ所に寄りながら、イサロ国立公園を目指す。荒涼とした広野の中を1本の舗装道路が続いている。ゴールド・ラッシュならぬサファイア・ラッシュに湧く地図にない町が出現し、しばらく行くとイサロ国立公園に着いた。

大きな堆積岩ばかりがゴロゴロとした辺りで幹線道路をそれて乗り入れると、岩に隠れるように石造りのホテルが建っていた。幹線道路からは建物の姿はまったく見えない。夕方、岩の間に生えているPachypodium gracilius（パキポディウム・グラキリウス）を撮影した。

翌朝、車でラヌヒラの町まで行き、ガイドを雇う。イサロ国立公園は現地ガイドをつけないと歩けないことになっている。ここで、植物に詳しい人を頼むために少し手間取る。植物に詳しいガイドを見つけるのは案外難しく、どこへ行ってもいつも悩まされる問題である。

イサロ国立公園内は広大で、景観のスケールがすごい。岩壁があり、岩棚が層をなしていた。遺体を安置する場所だという。初めは柩に入れて、やや低い岩棚に2～3年置き、その後、骨をさらし、高い場所へと移すのだという。上からロープで下りたりするそうだから、大変だ。亡くなった人は、空（先祖）と生きている人との仲介役になるのだという。この辺りの長く続く風習である。インドネシアだったか確かではないが、これと同じような光景をアジアのどこかで見たことがあった。

イサロ国立公園～フィアナランツォア～アンバトフィナンドラハナ

木と藁でできている家々を過ぎると、少し丈夫そうな家が現れてくる。やがて電柱が間を置いて立ち、電線が家の軒下に届いているのが見える。そして、コンクリートの立派な家が並びはじめると、もうすぐ町に到着である。まるで、何世紀かの時間を旅しているようだ。この日の宿泊地、山間の町フィアナランツォアがまるで大都会のように思えた。

翌日、Aloe cipolinicola（アロエ・キポリニコラ）を探すため、アンタナナリボへ通じる幹線道路から外れ、横山氏も行ったことのない場所へと向かう。この植物中心の旅のアレンジと、横山氏を紹介していただいた吉田彰氏に、群生があると教えていただいた場所である。午後1時過ぎ、岩山を背に、高さ4～5㍍にもなるアロエ・キポリニコラが何千株も立ち並ぶ荒野に出た。真ん中にひとすじ、隣村への細い道が延びていた。

たまたま泊まった小さな村の宿は、昔吉田氏が泊まったところだった。

アンバトフィナンドラハナ～アンツィラベ～アンタナナリボ

アンツィラベでの目的はイビティ山。登山口の事務所に入山を届け出、現地ガイドを頼んで登った。「恵比寿笑い」という園芸名をもつPachypodium brevicaule（パキポディウム・ブレウィカウレ）が満開で、あちこちで群生していた。この山麓で見た土の家々の形、色合いがなかなか素敵だった。

翌日はゆっくりとホテルをチェックアウト、首都アンタナナリボへ向かった。

マダガスカル日記
北部編

　ソコトラ取材から帰って1カ月ほどした2011年3月11日、東日本大震災が起こった。そして、深刻な福島第一原発の事故。被災状況の映像が連日テレビで繰り返し流され、それを見ているうちに、気分が著しく落ち込んでしまった。6月に中国取材を予定していたが、とても出かける気にならない。被災地の復興も原発事故の収束もほど遠く、2012年は暗い気持ちを引きずったまま明けた。

　そんなある日、雑誌に載った写真が目にとまった。カラフルな服を身にまとい、笑顔の素敵な人々であふれたマダガスカルの市場の写真だ。「南部の旅」から7年、懐かしさがこみ上げた。マダガスカルへ行こう、とその場で決めた。

　さっそく、「南部の旅」でもお世話になった吉田彰氏に相談すると、私が見たいと7年間思い続けてきた赤い花を咲かせるパキポディウムの情報があり、特別に教えてくれるという。彼が入手した映像によると、花崗岩の岩場にへばりつくように生えていて、とてつもなく太く、大きいものだという。ただし、開花は雨期で、道の状態次第では1日行程でたどり着けないらしい。

　これまで、わずかでも可能性があればどこへでも出かけていき、そして、なんとかなるという幸運に恵まれてきた。今回もその幸運を信じて、行ってみることにした。

　「南部の旅」のときと同じ現地エージェントに手配を頼んだが、前回ガイドしてもらった横山氏は都合がつかないということで、アンタナナリボ大学理学部の准教授、ファーリ先生に同行してもらうことになった。首都アンタナナリボから北端の町アンツィラナナ（ディエゴ・スアレス）に飛び、車で3週間かけてアンタナナリボへ南下する行程である。ファーリ先生は42歳、広島大学に留学した経験があり、日本で生まれた12歳の女の子を筆頭に、3人の子供がいる。陽気で、日本語もできる。なにより植物好きなのが頼もしい。楽しい旅になることが予感できた。

アンタナナリボ～アンツィラナナ（ディエゴ・スアレス）

　早朝、ドライバーが迎えに来てファーリ先生の家へ。彼がもつ3つの農園の中のひとつに案内され、珍しいランを見せてもらう。その後、空路アンツィラナナ（ディエゴ・スアレス）へ。

　アンツィラナナのホテルに着くとすぐに、これから8日間案内してもらう現地ガイド、ジュリオ君を紹介される。ざっと町を見てまわることになり、まずは市場へ。機内で市場が好きだとファーリ先生に話したためのようだ。

フレンチマウンテン
（モンターニュ・ドゥ・フランセ、フランス人の山の意味）

　アンツィラナナを拠点にあちこち回ることにし、まずはアンツィラナナの東、フレンチマウンテンへ。登りはじめてすぐ、北部にしか見られないバオバブ、Adansonia suarezensis（アダンソニア・スアレゼンシス）、Adansonia madagascariensis（アダンソニア・

マダガスカリエンシス）が山肌に点々と生えているのが目に入った。それぞれ特徴のある枝振りを見せている。尾根筋の岩場でこの日の目的である赤いパキポディウムを探す。数株見つかったが、どれも花が咲いていなかった。道を外れて岩場を上ると、Pachypodium decaryi（パキポディウム・デカリイ）の白い花や、開花、結実したキフォステンマの仲間、ウンカリナの仲間などが見つかった。ここでジュリオ君が植物に詳しいのが分かって嬉しくなる。植物に詳しい現地ガイドは、いそうでなかなかいないのである。

下山し、近くの家の庭先を借りて昼食。市場で買ったパン、トマト、オイルサーディン、チーズでサンドイッチを作る。食後、村の一角で深紅の花をたくさんつけた、ここが原産地といわれるホウオウボク、Delonix regia（デロニクス・レギア）を撮影したが、これは野生かどうか疑わしかった。

その後、悪路を東に入り、アダンソニア・マダガスカリエンシスの巨大株、Pachypodium rutenbergianum（パキポディウム・ルテンベルギアヌム）を撮影。夕方、ラメナビーチで夕陽を見ながらひと休みし、夜道をアンツィラナナへと戻った。

ウィンザーキャッスルへ

アンツィラナナから湾に沿って西側を回り込むように北へ進むと、草原状の場所に巨大なバオバブが見えた。アダンソニア・スアレゼンシスとアダンソニア・マダガスカリエンシスが混生していた。さらに北西へ山道を進むと、ウィンザーキャッスルを望む場所に着いた。

ウィンザーキャッスルの名は、20世紀初頭にイギリス軍が山頂に要塞を造ったことに由来する。前日訪れたフレンチマウンテンは、19世紀半ばに、後にマダガスカルを植民地化したフランスとの戦いの

①アンツィラナナの野菜市場。マンゴーが安くて美味しかった
②Combretum macrocalyx（シクンシ科）
③Sclerocarya birrea（ウルシ科）
④Turraea sp.（センダン科）
⑤Tamarindus indica（マメ科）。タマリンド（植栽品）
⑥フレンチマウンテンの中腹で、アダンソニア・スアレゼンシスとアダンソニア・マダガスカリエンシスが混生していた
⑦Chadsia versicolor（マメ科）
⑧Hildegardia ankaranensis（アオギリ科）
⑨パキポディウム・ルテンベルギアヌム。鳥が巣をつくっている

あった山で、どちらも石灰岩でできていて、それぞれ特有の植物が生育することで知られている。この旅の大きな目的である赤いパキポディウムのひとつ、Pachypodium windsorii（パキポディウム・ウィンゾリイ）は、戦場となったこの2つの場所にのみ見られるのである。

登山口から1時間半ほどの急登で山頂に到着した。山頂には第二次世界大戦時のフランス軍による石積みの見張り台が残っており、入り組んだ入り江が見下ろせた。北側へ回り込むと、岩場にパキポディウム・ウィンゾリイの開花株が見つかった。事前の情報ではウィンザーキャッスルでは開花どころか株自体見つけるのも難しい、ということだったので、時間をかけて撮影していたが、ふと下の方を見るとツィンギー（珊瑚礁の隆起石灰岩が雨によって浸食され、細く尖った岩が連なる地形。カルスト地形という）の間に赤い花が見え隠れしている。ファーリ先生が突然、「バロニイに違いない」と叫び、さっ

①南側の林道よりウィンザーキャッスル。山頂に見張り台が残っている。岩峰の下部を右から左へトラバースして山頂へ向かった
②パキポディウム・ウィンゾリイ。ツィンギーの鋭い岩の間に根を下ろしていた
③Carphalea sp.（アカネ科）
④Cryptostegia grandiflora（ガガイモ科）
⑤Strophanthus boivinii（キョウチクトウ科）
⑥Dichrostachys akataensis（マメ科）
⑦Xerophyta sp.（ウェロジア科）
⑧アナラメラナ特別保護区のツィンギールージュ

さと下りはじめた。吉田氏から、彼は目当ての植物を見ると他のものがまったく目に入らなくなる、と聞いてはいたが、こちらを待つ気配もなく、どんどん下っていく。あわてて追いかけていくと途中から藪こぎになり、岩山を越えてさらに下るとツィンギーに出た。その針状の岩の先端に注意深く足をのせ、バランスをとりながらついていくと、パキポディウム・ウィンゾリイが岩の間のあちこちで満開だった。理想的な花の状態とロケーションだ。しかし、夕闇が迫る。夢中で1時間半ほど撮影したが、いまひとつ消化不良となった。ファーリ先生も驚く開花状態と株の多さで、結局、翌々日もう一度出直し、その日一日使って撮影した。

アンバー山国立公園

アンツィラナナより南下してアンバー山へ。ランの専門家であるファーリ先生は、着生ランが多いことで知られるこの山を訪れるのを楽しみにしていた。私も同様だったが、雨が少ないためか、株は見つかっても開花しているものがほとんどなかった。公園内のホテルに2泊の予定をキャンセルし、取りあえずアンツィラナナのホテルに戻ることにした。

森には動物たちが多く、カメレオンの仲間、木の枝のコケに擬態したヤモリなど、興味深い生き物たちの撮影ができた。

アンツィラナナ〜アンツェラセラ

5泊したアンツィラナナを離れ、ようやく本格的な南下が始まった。途中、国道6号線から脇道を東へ入り、アナラメラナ特別保護区のツィンギールージュを見物、これまた見たことのない不思議な赤色の景色に圧倒される。

　この日は長時間の移動を余儀なくされるため、撮影はAdansonia suarezensis（アダンソニア・スアレゼンシス）の群生と、生育地、個体数が限られるAdansonia perrieri（アダンソニア・ペリエリ）の2種類のバオバブだけにする。しかし、アダンソニア・スアレゼンシスの群生は迫力がなく、川岸に生えたアダンソニア・ペリエリも、これがバオバブの仲間？と、疑うほどぱっとしない。記録としての撮影にとどめた。

　脇道に入ると、小さな家が集まった村があった。1軒の家の広さは8畳ほどだろうか。平均的な家族の人数が10人前後と聞いて驚いていると、子供は14人がベストウィッシュ、というさらに驚くような話が。子供は働き手になるというのがその理由という。

　アンバー山のホテルをキャンセルしたため宿を探す。ようやく空いている部屋を見つけたが、電気、水道がなく狭い。1泊だけと我慢する。

アンカラナ国立公園

　朝、予約していたアンツェラセラのホテルへ移動。前日泊まったホテルとは比べようもない快適さだ。荷物を置くとすぐにアンカラナ国立公園へ向かう。このホテルには結局3泊し、丸3日間、広大な公園内に張り巡らされたトレッキングコースのいくつかを歩いた。そのほとんどがツィンギーの中だが、コース内は道を外れない限り、よく整備されていて歩きやすい。ちょうど新緑の季節で、灰色の棘の山の中に淡い緑色が美しく、石灰岩地に特有の植物たち、キフォステムマ、アデニア、ウンカリナ、デロニクスの仲間などをはじめ、さまざまな花が咲いている。目の良いジュリオ君のおかげで、原猿類、カメレオン、ヘビ、トカゲ、鳥などたくさんの珍しい動物たちも見ることができた。ここでジュリオ君とはお別れ。翌日からドイツ人グループとトレッキングという。誠実で賢明、語学にも堪能な青年には以

①アンカラナ国立公園のツィンギーは新緑真っ盛りだった
②アンカラナ国立公園内の吊り橋
③Dracaena sp.（リュウゼツラン科）
④Dracaena sp.（リュウゼツラン科）の果実
⑤Clerodendrum cauliflorum（クマツヅラ科）
⑥Combretum sp.（シクンシ科）
⑦Melicope sp.（ミカン科）
⑧Stephanodaphne sp.（オクナ科）
⑨Guamia lineata（バンレイシ科）
⑩Amorphophallus sp.（サトイモ科）
⑪Platycerium quadridichotomum（ウラボシ科）

マダガスカル共和国●マダガスカル島

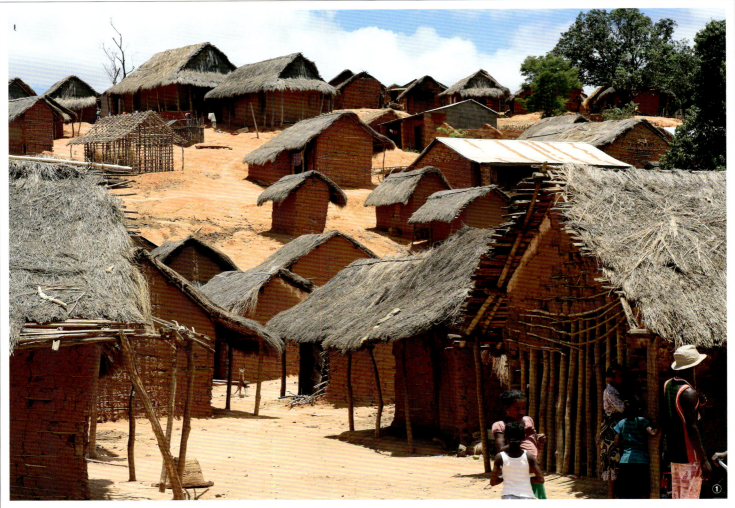

後ずっと予定が詰まっていた。

アンツェラセラ〜アンツォヒヒ

長い移動のため、朝7時出発。途中、前回、南のトゥラナル（フォール・ドーファン）で見たオウギバショウをたくさん見る。

アンツォヒヒ〜マンドリツァラ

国道6号線を離れ、南東へ向かう。マンドリツァラで見たという情報をもとに、Pachypodium baronii（パキポディウム・バロニイ）を探すのである。雨期には泥だらけの悪路になり、車は泳ぐように進む、とおどかされていたので、朝6時に出発したが、この年は雨が少ないせいか、道は意外なほどちゃんとしていた。そのかわり、終始土埃を浴びながらのドライブになった。

ソフィア川を渡る辺りで昼になった。道路脇で売っている茹でたトウモロコシを昼食にする。もちっとしていて甘みが少なく、子供の頃に食べたトウモロコシのようで美味しい。昼時のせいか、橋の辺りには村人やトラックのドライバー、物売りの人たちが多く、誰もが物珍しそうに集まってくるが、視線は温かい。

マンドリツァラの少し手前の山間部で、なんとなく目を上にやると、岩山の上の方に赤いものがあるのが一瞬視界に入った。車に引き返してもらい、ファーリ先生にも見てもらうと、「バロニイ！」とひと言。そのとたん、先生は私のカメラバッグをつかむと道なき山の斜面を振り返りもせずに駆け上りはじめた。植物モードへの突入である。私も息を切らしながら30分ほど後を追うと、岩壁の下に出た。そこには、赤い花が満開の巨大なバロニイが立っており、ファーリ先生があたかも自分のもののように、どうだとばかりに私に指し示した。

①ソフィア川には長さ100㍍ほどの立派な鉄橋がかかっていて、たくさんの車が行き来していた。河畔にはしっかりとした造りの家々が建っていたが、尾根へ向かう傾斜地を見ると、わらぶき屋根の小さな家が隙間なく建っている。周辺には木が一本もない。近くまで行って撮影していると、どこからかと思うほど人が集まってきた。撮影を終え、川を渡りきると物売りの屋台が並んでいる。ちょうど昼食時だったこともあり、トウモロコシを買って食べた
②パキポディウム・バロニイ。偶然見つけた場所で、見事な大株だった
③Carphalea naperville（アカネ科）
④Albizia lebbeck（マメ科）

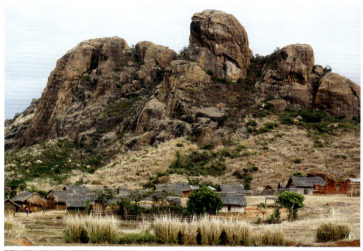

　その山には他にもいくつかパキポディウム・バロニイの株があり、岩場を上ったり下ったり、トラバースしたり、2時間ほどかけて撮影。最も大きいと思われるものをメジャーで計測してみると、根元の一番太いところで直径88㌢、高さは3㍍あった。アンツィラナナのPachypodium windsorii（パキポディウム・ウィンゾリイ）と比べるとすべてにおいてこちらの方が大きい。花の色合いも、パキポディウム・ウィンゾリイの少し橙色がかったくすんだ赤色に対し、こちらは明るく鮮やかな赤色をしている。

　車を止めたのは大きなマンゴーの木の下で、美味しそうに熟した実が枝からぶら下がっていた。燃料にするために、いろいろな木が切り倒されて減ってしまっているというが、さすがにマンゴーの木は残されていることが多く、車で走っているときに、食べごろの実がなっている木をよく見かけた。

マンドリツァラ

　宿泊したホテルのオーナー、ペテスさんにローカルガイドをお願いし、案内してもらうことにする。まず、かつてパキポディウム・バロニイがたくさんあったという岩山に行ってみると、野火によってほぼ全滅していた。マダガスカルはいまだに焼き畑農業をしていて、山の斜面なども畑にする。飛び火による火事も多いので、山火事や野火は日常的に起きている。それではと、オートバイで先導して次に連れて行ってくれたのが、彼が生まれ育った村だった。道路とはいいがたいほど狭い悪路を1時間ほど車で追いかけると、一族が暮らす村が現れた。

　村を見下ろすように山があり、その山にはペテスさんの父親など、村の長老たちが葬られている。いわば、聖なる場所である。外国人が登るなどもっての外なのだろうが、ペテスさんが身内ということで、

①どういうわけか、絵になる岩山の下には決まって村があった。マンドリツァラ周辺で
②この日は休日、朝9時頃には、マンドリツァラの町中を流れる川は洗濯をする人々であふれていた
③マンドリツァラの北西、ベファンドリアナの市場で
④マンドリツァラの朝市、手編みのかごは美しく、使い勝手もよさそうだ。ひとつ100～200円ほど。お土産にたくさん買い求めた
⑤Dalechampia sp.（トウダイグサ科）
⑥Dalechampia clematidifolia（トウダイグサ科）
⑦Rhodocodon sp.（ユリ科）

登ることを許されたようだ。山には満開状態のPachypodium baronii（パキポディウム・バロニイ）が何本もあった。

　向かいの山には、数ヵ月前まで大群生していたらしいが、ある日、いっぺんになくなってしまった。子供たちが根元の丸い部分を切り取り、山の上から転がして競争する遊びをしたらしい。「あれはすごく楽しかった」と帰省中の高校生、ペテスさんの甥のアルフレッドが言うと、ファーリ先生は頭を抱えてしまった。

マンドリツァラ〜アンツォヒヒ

　往路を戻る途中、行きに見たパキポディウム・バロニイがどうにも気になり、もう一度山に登ってみた。結局、再び撮影に2時間ほど費やすことになった。

　アンツォヒヒではホテルに2泊。ここまで休みなく動いてきたので、洗濯や長旅の疲れをとるために休息する。

アンツォヒヒ〜アンタナナリボ

　朝5時に出発し、夕方7時に着くという14時間のロングドライブをドライバーのドネさんがタフにこなしてくれた。アンタナナリボはビルの建ち並ぶ大都会だ。これまで、地に這うような小さな家々が集まった地域も見てきた。町によって、場所によって、これほど住環境が違うとは、同じ国とは到底思えない。

アンタナナリボ〜ムラマンガ

　この日から若いドライバーに交代する。アンタナナリボから東へ、アンダシベに3時間ほどで着いた。周辺は標高が高いわけでもないのに、高原のように涼しく、過ごしやすい。アンタナナリボに住む人たちが、休日に遊びにくる場所でもあるという。

　マンタディア・アンダシベ国立公園に含まれるこの周辺での目的は、ラン科のCymbidiella pardalina（キンビディエラ・パルダリナ）。着生シダのPlatycerlum madagascariensis（プラティケリウム・マダガスカリエンシス）という、ビカクシダの栄養葉にのみ着生するランである。赤と黄緑色の美しい花で、ファーリ先生にリクエストをしておいたのである。彼は生育地を知っており、2年前に来たときはたくさんあったという。

　道路脇に園芸小屋が立ち並んでおり、なかの1軒の店先に、キンビディエラ・パルダリナの開花株がたくさん吊されていた。それを見ていやな予感がした。ファーリ先生が生えている場所への案内を交渉すると、丸一日ジャングルを歩き回っても見つけられるかどうかと、乗り気ではない。山採りの業者に案内してもらうのは気が進まないので、これはあきらめることにした。その翌日、先生がかつてキンビディエラ・パルダリナを見たというジャングルに分け入って藪こぎをしたが見つからず、野生のものを探すのはこれで完全にあきらめた。その代わり、次の日にファーリ先生の知人宅の庭で、開花している株を撮影することができた。

　滞在したアンダシベは、随所にフランス植民地時代の名残が見られる場所。雰囲気のある教会や人家、今では使われていない鉄道の駅舎などが美しかった。最終日はペリネ特別保護区内の散策。ここでも保護区内を案内するガイドに恵まれ、興味深い原猿類たち、カメレオン、鳥などをたくさん観察することができた。

　「南部の旅」から7年の間にクーデターが起こり、大統領が殺された。旅行者の誘拐殺害事件もあり、武装強盗団が跋扈しているという。現在は特に南部の治安が悪くなっていると聞いた。しかし、今回の旅でそういう変化を実感することはなかった。次はさらに長い日程を組み、雨期の南部を訪れてみたいという思いが募ったのである。

①マエバタナナの南。標高が少しずつ上がり、山間部に入ると涼しくなった。山の斜面にも田んぼが広がる
②雨が降ったのか、芽吹きの緑が美しい
③アンタナナリボ郊外の村
④アンタナナリボ郊外の田園風景
⑤アンダシベ周辺の雲霧林
⑥Hydrostachys maxima（ヒドロスタキス科）。増水時に水をかぶるような場所にのみ生える。マエバタナナの北、ベツィボカ川にて
⑦アンタナナリボの北で
⑧Cymbidiella flabelata（ラン科）。希少種で乱獲が危惧される
⑨キンビディエラ・パルダリナ。植栽品

PATAGONIA

チリ共和国・アルゼンチン共和国
パタゴニア

朝焼けのパイネ・グランデ。部屋から見る景色とそう変わらないが、湖の中に三脚を立てての撮影。無風。ラゴ・グレイホテルの庭先から

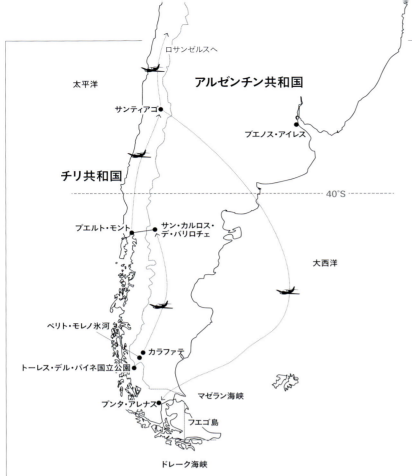

「風の大地」パタゴニアの山々とナンキョクブナ

　氷河湖に囲まれた針峰群、年間を通して吹きつける強風。若い頃から山に登っている私にとって、パタゴニアは長いこと憧れの地だった。しかし、なぜか緑の少ない不毛の大地というイメージがあり、「巨大、異形、世界一」などをキーワードに取材を続けている「世界植物記」のテーマからは遠いと思われ、行くことをためらっていた。ところが、ペルーのアンデス、ベネズエラのギアナ高地と南米の旅を続けてみると、次はパタゴニアへ行かなくては、という気持ちになった。

　パタゴニアは南米大陸の南端に位置し、南緯40度付近のコロラド川以南の地域の総称で、チリ、アルゼンチン両国にまたがっている。面積は日本の約3倍と大きい。

　花の情報を集め、昼の時間が最も長い、南半球では初夏の12月に行くことに決めた。目的地は2カ所、チリのトーレス・デル・パイネ国立公園とアルゼンチンのサン・カルロス・デ・バリロチェ周辺である。2週間ほどかけて、氷河湖を巡り、穏やかな日和のなか草原をハイキングし、風の吹きつける湖畔やナンキョクブナの森、渓谷を歩き、山に登った。

　荒涼とした「風の大地」とばかり思っていたこの地には、フィヨルドを中心に、変化に富んだ美しい地形が広がっていた。植生も豊かで、数多くの植物たちに出合うことができた。

Calceolaria uniflora（カルケオラリア・ウニフローラ）。ゴマノハグサ科。高さは10㌢くらいだが、花は長さ3㌢ほどあって大きい。ラグナ・アマルガ〜ラゴ・サルミエント間

Embothrium coccineum（エムボトリウム・コッキネウム）。ヤマモガシ科。この花はベース・ラス・トーレスの登りなど、あちこちで見たが、このロゲーションが一番。ラゴ・グレイ南端の半島の岬で

Nothofagus antarctica（ノトファグス・アンタルクティカ）。ラス・トーレスホテルを囲むようにこの木が生えていた

Nothofagus pumilio（ノトファグス・プミリオ）の純林。谷筋は風の影響を受けないのか、幹の直径が50〜60㌢ある大木が密生していた。ベース・ラス・トーレスへの登りで

ノトファグス・プミリオ。日本のブナに似ているが、科が違いナンキョクブナ科ナンキョクブナ属に分類されている。サン・カルロス・デ・バリロチェ、プエルト・ブレストの森

Viola coronifera（ヴィオラ・コロニフェラ）。堅くていかにも丈夫そうな葉を見ると、まるでベンケイソウ科のようだ。サン・カルロス・デ・バリロチェ、カテドラル山

Viola sacculus (ヴィオラ・サックルス)。これはまだ咲きはじめたばかり。満開になると葉が見えないほど真っ白になる。サン・カルロス・デ・バリロチェ、カテドラル山

グアナコ(Lama guanicoe)。気がつくと、いつもこちらを見ていた

パタゴニア日記

　成田〜ロサンゼルス10時間、ロサンゼルス〜サンティアゴ8時間、サンティアゴから国内線で3時間飛び、ようやくパタゴニア南端の町、プンタ・アレナスに到着。空港にはガイドのホアンとドライバーが迎えに来てくれていた。プンタ・アレナスから車に乗り換え、昼前から半日北上して、夕方ようやくトーレス・デル・パイネ国立公園の入り口に着いた。

　日本からパタゴニアまで、乗り継ぎ以外の休みを入れず、一気にやってきた。かつて経験したことのない長い移動だ。まずはラス・トーレスホテルに3連泊し、周辺を歩き回る予定である。ホテルは正面にパイネの山々を望み、周囲はナンキョクブナの森に囲まれ、疲れも吹き飛ぶ抜群のロケーション。部屋もなかなか快適だった。

ラグナ・アマルガ〜ラゴ・サルミエント

　朝目覚めると疲れはとれていたが、初日なので軽く足慣らしを、とのホアンの提案で、起伏の少ないハイキングコースを歩くことにする。エージェントに植物に詳しいガイドをと頼んでいたが、ホアンはこの後1週間に見た植物を、ほぼ完璧に学名で教えてくれた。

　パイネの入り口でもある、観光客の多いラグナ・アマルガからコース内に入ると、すぐに草原歩きになった。なだらかな緑の起伏がどこまでも続いている。人の姿はほとんどなく、20〜30頭ほどの

ラグナ・アマルガ〜サルミエントの植物
①アルストロエメリア・パタゴニカ
②Perezia recurvata（キク科）
③Leucheria hahnii（キク科）
④Nardophyllum bryoides（キク科）
⑤Pratia repens（キキョウ科）
⑥Viola maculata（スミレ科）
⑦Calceolaria biflora（カルケオラリア・ビフローラ）
⑧Junellia tridens（クマツヅラ科）
⑨Microsteris gracilis（ハナシノブ科）
⑩Samolus spathulatus（サクラソウ科）
⑪Bolax caespitosa（セリ科）
⑫Geranium magellanicum（フウロソウ科）
⑬Adesmia lotoides（マメ科）
⑭Adesmia boronioides（マメ科）
⑮Sisyrinchium chilense（アヤメ科）

(左) Mulinum spinosum（ムリヌム・スピノスム）。セリ科。岩場で見られた。(右)カルケオラリア・ウニフローラ。黄色いカルケオラリア・ビフローラも混じっていた

　グアナコの群れが、のんびりと草を食んでいた。小石混じりの裸地にヒガンバナ科のAlstroemeria patagonica（アルストロエメリア・パタゴニカ）を見つける。草丈が5㌢ほどなのに、直径3㌢ほどもある大きな花を上向きに咲かせている。葉の形がなんともユニークだ。

　キク科やセリ科の小さな花が点々と咲く草原をしばらく歩くと、ホアンが道を西にそれて歩き出した。細い枝道を下ると、南向きの斜面に、事前にリクエストしておいたゴマノハグサ科のCalceolaria uniflora（カルケオラリア・ウニフローラ）が大群生していた。なんとユーモラスな花だろう。揃ってこちらを向き、大口を開けて笑っているようにも見える。「世界植物記」のキーワードに「笑い」をつけ加えたくなった。ここで休憩をとり、ゆっくり

チリ共和国・アルゼンチン共和国●パタゴニア　227

と撮影した。その後、寄り道しながら数多くの花を撮影し、2時半頃になって、車の待つラゴ・サルミエントの湖畔にたどり着いた。

ベース・ラス・トーレス往復

今日はトーレス・デル・パイネ（パイネ山群を象徴する3本の岩峰）を間近に望むベース・ラス・トーレスへの往復である。コースタイムは往復7時間と説明され、ゆっくりと撮影はできないと覚悟するが、歩きはじめるとすぐに、旅の目的の花のひとつである、美しいラン、Chloraea magellanica（クロラエア・マゲラニカ）と出合い、気は急いたが、結局1時間以上かけて撮影してしまった。

こんなとき、私はガイドや同行者のことがとても気になってしまう。国内での撮影行は基本的に1人だが、海外ではそうはいかない。撮影そのものが目的なのだから遠慮なくやればいいのだが、どうも気になって落ち着かないのである。しかし、ホアンは先を急がせる気配をまったく見せず、気を遣わずに撮影することができた。ところで、登っているとき、ホアンがひとりの女性ガイドとキスで挨拶をしていた。知り合いと出会うとこうする習慣があるのかと少し驚いていたら、フィアンセだからと嬉しそうに答えた。

小さな峠を越えると川沿いのトラバースが続き、橋を渡ると最初の山小屋があった。山小屋周辺も登山道も、前日とは打って変わって日本の夏山のような混雑ぶりだ。パイネに来たら必ず登る場所だということか。山小屋を過ぎるとナンキョクブナ Nothofagus pumilio（ノトファグス・プミリオ）の美しい純林の中を小道が通り、薄暗い林床にはスミレ科の Viola magellanica（ヴィオラ・マゲラニカ）、ラン科の Codonorchis lessonii（コドノルキス・レッソニイ）が点々と咲いていた。ガラガラとした岩場の急斜面には、ヤマ

ベース・ラス・トーレス往復で見た植物
①クロラエア・マゲラニカ
②ラス・トーレスホテルからベース・ラス・トーレスまでのトレッキングで、峠より北を眺める。下に山小屋が見える
③ヴィオラ・マゲラニカ
④Viola maculata（ヴィオラ・マクラタ）
⑤コドノルキス・レッソニイ
⑥Adesmia pumila（マメ科）
⑦Lathyrus magellanicus（マメ科）
⑧Escallonia rubra（ユキノシタ科）
⑨Berberis empetrifolia（メギ科）
⑩Gaultheria mucronata（ツツジ科）
⑪エムボトリウム・コッキネウム

ベース・ラス・トーレスからのトーレス・デル・パイネ針峰群

モガシ科のEmbothrium coccineum（エムボトリウム・コッキネウム）の赤い花があちこちで満開だった。

　岩場を登り切るとベース・ラス・トーレスで、湖を前景に、3つの尖った峰をもつトーレス・デル・パイネが眼前にそびえ立っていた。絶景とはこういう景色のことをいうのか、登山者は岩に腰を下

①エムボトリウム・コッキネウム。②Ourisia ruelloides（ゴマノハグサ科）。小川のほとりに群生していた。③Discaria chacaya（クロウメモドキ科）。④Berberis microphylla（メギ科）。現地名はカラファテ。⑤Gunnera magellanica（グンネラ科）の花。葉の直径は3〜5ギほど

ラス・トーレスホテル近くのナンキョクブナ。①Nothofagus antarctica（ノトファグス・アンタルクティカ）。②寄生植物Misodendron punctulatum（ミソデンドロン科）。③ノトファグス・アンタルクティカの殻斗。④Nothofagus pumilio（ノトファグス・プミリオ）の殻斗

ろし、みな無言で目の前に広がる光景に見入っていた。いつまでも見ていたいと思ったが、ここまで撮影に時間を使いすぎ、すでに午後の3時半になっていた。風も冷たい。ほとんど小走りでの下山となり、薄暗くなってホテルに戻った。

ラス・トーレスホテル〜ラゴ・グレイホテル

　ラス・トーレスホテルを出てすぐに、ナンキョクブナN. antarctica（ノトファグス・アンタルクティカ）とN. pumilio（ノトファグス・プミリオ）をよく観察しながら、葉や実のアップを撮影する。その後、トーレス・デル・パイネ国立公園の東端に位置する氷河湖ラグナ・アズルに寄り道をすると、湖畔にはマメ科のラッセル・ルピナスLupinus polyphyllus（ルピヌス・ポリフィルス）が大群生していた。あまりにきれいなので撮影していると、帰化したものだと言われ、興をそがれてしまった。

　ラグナ・アマルガへ戻り、氷河湖ラゴ・ノルデンスクジョルド沿いの道を西へ、要所要所でパイネ山群を撮影する。大きな滝で知られるサルト・グランデでは、真正面にパイネ山群最高峰、標高3050㍍のパイネ・グランデがそびえ立っていた。

　散策路をたどりながら、スミレ科のViola maculata（ヴィオラ・マクラタ）やセリ科のMulinum spinosum（ムリヌム・スピノスム）などを撮影していると、風が強くなってきた。風は次第に強さを増し、最後には目を開けていることもできず、歩くのが精一杯になった。これが「風の大地」の由来だろう。日本の冬山をはじめ、世界中のどこでも経験したことのないほどの強風だった。撮影をあきらめ、早めにラゴ・グレイホテルにチェックインした。

（左）ラグナ・アズル湖畔に群生していたルピヌス・ポリフィルス。（右）ラグナ・アズルから見たトーレス・デル・パイネ（右）とモンテ・アルミランテ・ニエト（左）

手前にラゴ・ノルデンスクジョルドを配したパイネ山群の大パノラマ。左からパイネ・グランデ、パイネの角、モンテ・アルミランテ・ニエト

①ラグナ・アマルガからサルト・グランデ間で。正面の山はモンテ・アルミランテ・ニエト、右後ろにトーレス・デル・パイネがのぞいている。この道は氷河湖ラゴ・ノルデンスクジョルドを手前にしたパイネ山群の大パノラマ風景が延々と続き、心行くまで楽しめる
②サルト・グランデの遊歩道。セリ科のムリヌム・スピノスムが群生していた。背景の山はパイネの角
③ヴィオラ・マクラタ。パイネのあちこちで見られる
④強風に湖水が巻き上げられ、白い帯を作っていた。サルト・グランデの遊歩道から

ピンゴキャンプ場へのトレッキングとグレイ氷河クルーズ

　前夜、意識的にカーテンを開け放したまま寝たため、朝焼けの気配で午前5時前に目覚める。カメラを持って湖畔へ急いだ。滞在しているホテルはラゴ・グレイに面し、湖面の向こう正面にはパイネ最高峰のパイネ・グランデがそびえている。抜群のロケーションである。湖畔までは歩いて1分、羽毛服を着込み、鏡のような湖面を前景に早朝のパイネ・グランデを撮影した。朝食はテラスで。氷塊が浮かぶ湖を眺めながら、贅沢な時間を楽しんだ。5㍍ほど先の木では口元の赤いCampephilus magellanicus（キツツキの仲間）が、嘴でせわしなく幹をつついていた。

　朝食後、ラゴ・グレイの西側、ピンゴへのトレッキング。この周辺のナンキョクブナは3種目のNothofagus betuloides（ノトファグス・ベトゥロイデス）。これで、この周辺のナンキョクブナすべてを見ることができた。

　小枝の先にキノコファン垂涎のキノコの一種、Cyttaria（キッタリア属）が、直径1〜2㌢の菌瘤を作っているのを見つけた。林床は水気が多く、ラン科のGavilea odoratissima（ガウィレア・オドラティッシマ）、ツツジ科のPernettya mucronata（ペルネッティア・ムクロナタ）をはじめ、数多くの花が見られた。しかし、雨が降りだし、風が強くなったため、ピンゴのキャンプサイト付近から走ってホテルに戻った。

　午後はグレイ氷河末端へ4時間のクルーズ。午前中の風にいやな予感がしたが、的中。湖なのに風波がものすごく、嵐のようで、船は大揺れに揺れた。それでも氷河の末端付近では風も止み、氷河の青い壁まで近づき、撮影することができた。

ピンゴへのトレッキングで見た植物
①②ノトファグス・ベトゥロイデス
②ベトゥロイデスの殻斗。ベトゥロイデスの葉の鋸歯は他の2種に比べて、低くて細かい
③Cyttaria sp.キッタリア属のキノコ。写真は胞子を出し終えた状態
④ガウィレア・オドラティッシマ
⑤ペルネッティア・ムクロナタ
⑥Chiliotrichum diffusum（キク科）
⑦Empetrum rubrum（ガンコウラン科）
⑧Acaena magellanica（バラ科）
⑨エムボトリウム・コッキネウム
⑩Gavilea lutea（ラン科）
⑪Olsynium biflora（アヤメ科）

遊覧船がグレイ氷河末端に到着すると、それまでの嵐のような強風が嘘のように収まり、青空がのぞいた

ラゴ・グレイ南端の半島の岬へ

　ホテル裏手から湖畔に沿って、美しいナンキョクブナの林の中を縫うように歩く。林床にはキク科のPerezia recurvata（ペレジア・レクルウァタ）が目の覚めるような青く可憐な花を咲かせている。半島の尾根から先端の岬へ下ると、小さな氷山が、氷河湖特有のターコイズブルーに灰色を混ぜたような、独特な色の水をたたえた湖面に浮かんでいた。岬の岩場では、ヤマモガシ科のEmbothrium coccineum（エムボトリウム・コッキネウム）の深紅の花が満開だった。

　時間が余ったので、サルト・グランデに再び行き、展望台まで往復したが、またしても強風に吹かれた。風に吹き上げられた水が白い帯状となり、湖面を走る様子が風の強さを物語っていた。

青色の氷壁は間近で見ると、圧倒されるほどの重量感がある

①ペレジア・レクルウァタ。この花の色は氷壁のアイスブルーそっくりだ。②Chaetanthera属の一種（キク科）。③Hypochaeris incana（キク科）

チリ共和国・アルゼンチン共和国●パタゴニア

①②ラゴ・グレイ南端で。①Senecio smithii（キク科）。②Calceolaria tenella（ゴマノハグサ科）。③フクシア・マゲラニカ。ペリト・モレノ氷河近くの小さな沢筋に沿ってたくさん咲いていた

カラファテ経由サン・カルロス・デ・バリロチェへ

　車で国境を越え、アルゼンチンへ。道の両側はパンパスの草原、ひたすら北上する。昼前にカラファテに到着した。ここで新たに現地ガイドが加わった。この日は、夕方の便でカラファテからサン・カルロス・デ・バリロチェへ飛ぶ予定だが、こんなに早く来たのはペリト・モレノ氷河を見るため。氷河へ向かう道の途中、突然車が止まり、藪の中に案内された。アカバナ科のFuchsia magellanica（フクシア・マゲラニカ）が群生していた。花は日本で見る鉢植えのものと変わらないが、高さ2mほどの小灌木なのに驚かされた。これはリクエストしておいた花で、予定になかったペリト・モレノ氷河見物を強く勧められたのは、この花を見るためだったらしい。

　ペリト・モレノ氷河は、ガイドによると、全世界的に氷河が解けていっている現在、ふたつしかない揺るぎない巨大氷河のひとつであるという。その大きさと美しさには、圧倒される迫力がある。ときおり大きな氷塊が崩れ落ち、辺りを圧する大音響をとどろかせる。ちょっと見ていくといったようなものではなく、誰もが釘づけになってしまうような光景だが、我々にはとにかく時間がない。心を残しながら、慌ただしく空港へ向かわざるを得なかった。寡黙だが優秀だったホアンとは空港でお別れである。

　カラファテ発のフライトは1時間半も遅れ、サン・カルロス・デ・バリロチェのホテルに入ったのは、夜の10時を過ぎていた。案内役のホセともうまく連絡がとれなかった。ホセは2回もホテルに来てくれたらしい。

　朝起きてみると、前夜はよく分からなかったが、とてもスタイリッシュな居心地のよさそうなB&Bだ。前夜通されたのは1階の穴蔵のような部屋なので、2階の広い部屋と替えてもらった。

ペリト・モレノ氷河は、ロス・グラシアレス国立公園に属し、全長35km、末端部の幅は5km、高さ60m。とにかく大きい

カテドラル山の稜線から西側の針峰群を望む。尾根では冷たい強風が吹いていた

カテドラル山へ

朝9時にホセがやってきた。30代半ばの好青年、カメラマンでもある。3日間、ガイド兼ドライバーをお願いすることになっている。そのままカテドラル山へ。

カテドラル山は標高2388㍍（南峰）。冬には南米一のスキー場になる。そのためオフシーズンでも、ケーブルやリフトを乗り継いで、稜線直下まで行くことができる。南米のどこかの国の高校生たちが、修学旅行で来ていて、にぎやかだった。標高2000㍍のリフト終点に下り立つと薄い霧がかかり、風が冷たい。フリースの上に雨具を着込んでいても寒い。季節は早春、谷筋には残雪が目立った。

尾根はほとんどがゆるやかな岩稜や礫地で、キク科、オミナエシ科、カタバミ科、イソマツ科など、パイネ山中ではほとんど見られなかった、少し変わった姿形をした花々が咲いていた。谷を少し下って、残雪のまわりをのぞいて見ると、キンポウゲ科のRanunculus semiverticillatus（ラヌンクルス・セミウェルティキラトゥス）が、花を咲かせていた。フクジュソウを白くしたようで、いかにも早春の一番花という感じだった。

尾根へ戻りさらに進むと、岩の間に2種のロゼットスミレ、Viola coronifera（ヴィオラ・コロニフェラ）とViola sacculus（ヴィオラ・サックルス）が現れた。このスミレがここにやってきた一番の目的である。ロゼット状の肉厚の葉は、乾燥と寒さから身を守るための備え、下部は木質化しており、花が咲いていなかったら、スミレの仲間とは気がつかなかっただろう。帰路はカタバミ科のOxalis adenophylla（オクサリス・アデノフィラ）をさがしながら山腹を巻いて下りた。

ホテルに早く戻れたので、町の中心部まで歩いて行ってみる。ホ

①ラヌンクルス・セミウェルティキラトゥス。雪の解けた場所から次々と咲いていくため、残雪に近い株ほど新鮮だった。葉は展開すると緑色になる
②Nassauvia revolute（キク科）。ホセからキク科と聞いて、びっくりしたが、花のひとつひとつを間近で見て納得した
③Valeriana philippiana（オミナエシ科）
④Armeria maritima（イソマツ科）。園芸植物のアルメリアの和名はハマカンザシ。海辺の花と思い込んでいたが、ここでは高山植物
⑤オクサリス・アデノフィラ。尾根筋では寒さのためか開花していなかったが、巻き道の日だまりで咲いているのを見つけた

ノトファグス・ベトゥロイデス。高木の純林が美しい

テル周辺は坂が多く、閑静なリゾート地の雰囲気である。クリスマスが近いこともあって、家々の飾りが楽しい。町にはチョコレート屋さんがたくさんあり、観光客で賑わっていた。

プエルト・ブレストの森へ

　目覚めると雨が降っていたが、午後からあがるということで、プエルト・ブレストの森へ行くことにする。湖畔の船着き場パヌエロ港から遊覧船に乗り、しばらくすると、雨に霞んだナンキョクブナ Nothofagus betuloides（ノトファグス・ベトゥロイデス）の森が、湖面の向こうに絵のように現れた。

　プエルト・ブレストの森には、幹の直径が1.5ｍほどもあるノトファグス・ベトゥロイデスが並び立ち、みごとな純林を形成していた。小雨の中、思うような撮影はできなかったが、濃密な森の空気

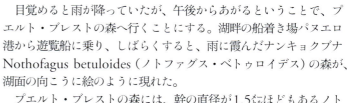

①～⑧カテドラル山で
①Nassauvia pygmaea（キク科）
②Senecio poeppigii（キク科）。キク科と分かる花を咲かせていた唯一の種類
③Azorella monantha（セリ科）
④Loasa nana（シレネ科）
⑤Oxalis erythrorhiza（カタバミ科）
⑥Onuris graminifolia（アブラナ科）
⑦Caltha sagittata（キンポウゲ科）
⑧Quinchamalium chilense（ビャクダン科）
⑨～⑪プエルト・ブレストの森で
⑨Asteranthera ovata（イワタバコ科）。ノトファグス・ベトゥロイデスの大木に着生していた
⑩Weinmannia trichosperma（ユキノシタ科）
⑪Luzuriaga radicans（ユリ科）

ノトファグス・プミリオ。下生えの草はアルストロエメリア・アウレア、開花前

に浸れた散策の時間は、十分に私を満足させた。

チャルフアコ山群へ

　サン・カルロス・デ・バリロチェの南、標高2000㍍前後の山々が連なるチャルフアコ山群へのトレッキングは、ナンキョクブナ Nothofagus pumilio（ノトファグス・プミリオ）の森が出発点。前の夜に降った季節外れの雪が林床に残り、下生えで群生するヒガンバナ科の Alstroemeria aurea（アルストロエメリア・アウレア）の葉の緑色を引き立てていた。高度を上げると風が強まり、寒さが増してくる。尾根上にはカリケラ科の Gamocarpha selliana（ガモカルファ・セリアナ）、Moschopsis caleofuensis（モスコプシス・カレオフエンシス）、オミナエシ科の Valeriana moyanoi（ウァレリアナ・モヤノイ）など、地味だが一風変わった姿形をした植物を見ることができた。稜線を吹く風はますます強くなり、そそくさと下山。往復6時間ほどのトレッキングだった。

サン・カルロス・デ・バリロチェ～プエルト・モント

　1日休養した後、迎えに来たガイドのイグナシオと車で国境を越え、再びチリへ。この無駄とも思える動きは、国境沿いでグンネラ科の Gunnera tinctoria（グンネラ・ティンクトリア）を見るため。出合いはあっけなく、峠の道路脇の斜面に大きく葉を広げて点々と生えていた。チャルフアコ山では未開花だったヒガンバナ科のアルストロエメリア・アウレアの花も道路沿いのあちこちで咲いていた。

　目的の植物たちとほぼ出合えて、旅の最終地チリのプエルト・モントへ向かった。

①アルストロエメリア・アウレア
②～⑧チャルフアコ山の稜線で
②Mulinum spinosum（ムリヌム・スピノスム）
③Perezia bellidifolia（キク科）
④ガモカルファ・セリアナ
⑤モスコプシス・カレオフエンシス
⑥ウァレリアナ・モヤノイ
⑦Calceolaria polyrhiza（ゴマノハグサ科）
⑧Viola maculata（ヴィオラ・マクラタ）
⑨グンネラ・ティンクトリア。道沿いの崩壊地に、直径1㍍ほどもある大きな葉を広げていた。渓谷沿いなどに群生するものと思っていたので、なんだか拍子抜けしてしまった

TROPICAL ANDES

ペルー共和国
ブランカ山群

今日も夕焼けは無理かとあきらめてテントに戻りかけたが、ふと振り向くと、Puya raimondii（プヤ・ライモンディ）のうしろで、空がほんのり赤く染まっていた。カルパ付近

世界最大の花茎を立てて、100年の寿命を終えるプヤ・ライモンディイ

　南米のアンデス山中、標高4000メートルを超える草原に、高さ10メートルにもなる世界最大の花茎を持つ多年生草本植物、Puya raimondii（プヤ・ライモンディイ）が生えている。100年近く生き続け、最後に一度だけ巨大な花茎に花を咲かせ、種子を作って枯れるという。この壮絶な生き方をする花のことを知って以来、いつか絶対見てみたいと思っていた。

　2006年、生育地、開花期などを丹念に調べ、現地のガイドを確保した上で、ベストシーズンと思われる9月上旬、生育地を目指した。いくつかある生育地のなかから選んだのは、ペルー共和国の最高峰、標高6768メートルのワスカラン峰はじめ、標高6000メートル級の山々が連なるブランカ山群の一角である。

　プヤ・ライモンディイとの出合いは、実にあっけないものだった。首都リマを車で朝出発すると、夕方には標高3028メートルの登山基地、ワラスという町に着いた。翌日、ワラスのホテルから1時間ほど車で行くと、遠くのほうに電柱のようなものが点々と立っているのが見えた。それがプヤ・ライモンディイだった。アンデス山脈ブランカ山群の谷あい、標高4200メートルに広がる大草原に、プヤ・ライモンディイが群生していた。

　季節は乾期がそろそろ終わりを迎え、雨期が始まろうとしていた。四季はないと聞いていたが、わずかに初春の息吹を感じた。モスグリーンの羽を持ったOreotrochilus estella アンデスヤマハチドリが、花の周りを飛び回っていた。

プヤ・ライモンディイ。大きさを伝えるため、ガイドのマルコにそばに立ってもらった。それにしても大きい。カルパ付近

Puya raimondii (プヤ・ライモンディイ)。草原では空を雲がおおい、風が吹き、午後になると雨が降った。キャンプ最終日、やっと抜けるような青空が広がった。納得のいくまで撮影して草原を離れた。カルパ付近

プヤ・ライモンディ

「なぜこんなに巨大になる必要があるのだろう？」。アフリカのケニア山のジャイアント・セネキオを見たときにも同じように思ったが、パイナップル科のPuya raimondii（プヤ・ライモンディ）も植物の常識を超えている。生えているのは、標高4000㍍を超える高地、寒冷地で栄養や水分の不足する場所である。周囲にはイネ科の植物が目立つ程度で、他の草木はほとんど見当たらない。このような環境でなぜ巨大化するのか。その理由は、ケニア山のジャイアント・セネキオ同様、未だに解明されていないという。

高さ10㍍ほどになる花茎は、長さ30〜40㌢の円錐形の花穂の集まりで、その円錐形の花穂は長さ5〜7㌢の花がたくさん集まってできている。つまり、満開のプヤ・ライモンディには想像を絶するおびただしい数の花が咲いているのである。驚くことには、この高さ10㍍もの花茎は、寿命100年の最後のほんの数カ月に成長するのだという。1世紀もの間生き続け、最後に一度だけ巨大な花茎を立て、その命を終えるのである。

満開の花茎に混じって、枯れて真っ黒になっているのに倒れていない花茎もたくさんあった。

また、葉だけがボールのように丸くなったものも目についた。芽生えて20年ほどは、ドーム状の半球形に育ち、その後、長い時間をかけて立ち上がり、直径3〜4㍍の球形となる。

プヤ・ライモンディ。枯れて黒く変色した花茎は条件にもよるが、2〜3年は倒れずに残るという

ペルー共和国●ブランカ山群

プヤ・ライモンディ。花茎は下から咲き上がっていく。花穂も根元から咲き上がっていくという

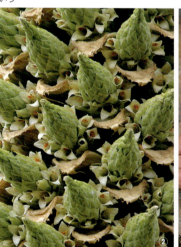

①〜③プヤ・ライモンディ
①花が咲くのは、根元から高さ3㍍ほどのところから上。花穂や花の様子をアップにするために、真横からのアングルを探すのが、ひと苦労だった
②根元の花、数輪が咲きはじめたばかりの花穂
③ガイドが見つけて、持ってきてくれた倒れた開花株からの一輪。1本の花茎に、この大きさの花が無数についているのは驚きだ
④プヤ・ライモンディの葉の先端で休むOreotrochilus estellaアンデスヤマハチドリ。モスグリーンの羽が美しい。花粉媒介をする鳥は他にもう一種いた

倒れかけたPuya raimondii（プヤ・ライモンディイ）。開花を終えた花茎はどれも真っ黒だった。これが山火事によるものかどうかは分からない

羊の放牧小屋。木化したプヤ・ライモンディイの花茎がさまざまなところに使われていた

①〜⑥プヤ・ライモンディイ
①直径20㌢ほどの若い個体。葉は小さくても堅く、触れると痛い
②直径50㌢ほどの個体。葉の数も次第に増えていく
③直径1.5㍍ほどになった個体。根元が立ち上がり、葉全体がほぼ球形になってきた。これでも開花までには、まだ数十年もかかる
④花茎が抜け落ちた後の株の内部
⑤1枚剥がしてみたら、かなり堅くて軽かった
⑥測ってみたら、棘の長さは13㍉だった。先端は釣り針のように鋭く、しかも根元に向かって内向きに曲がっている。外敵への万全の備えだろうが、悪意を感じさせる。一度うっかり若い株の中に足を踏み入れたところ、ズボンの裾が棘に引っかかり、脱出するまでに10分もかかってしまった。刺さると怪我をしそうだった

花茎が倒壊したプヤ・ライモンディの株。これだけの至近距離で咲いているものは、ほとんど見なかったので、同じ年に一斉に開花したとは思えない

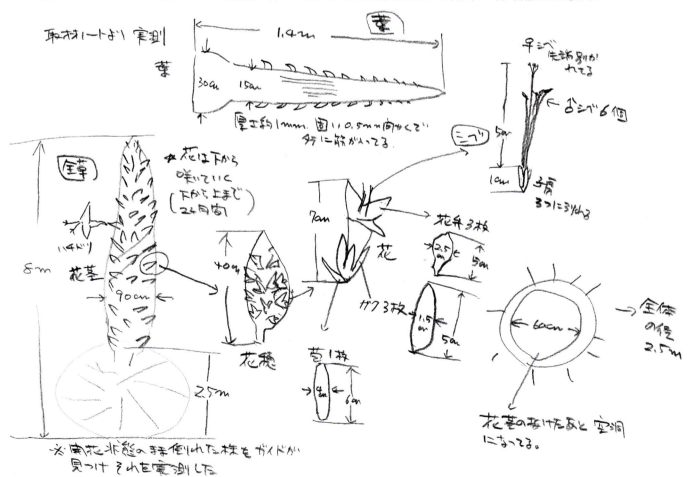

倒れたばかりの新鮮な開花株をガイドのマルコが見つけた。100年かけてようやく咲いたのに、と気の毒になり、せめて全パーツの記録をと思い、メジャーで計測した

ペルー共和国●ブランカ山群

ロマス——海岸の砂漠地帯に忽然と現れるお花畑

　Puya raimondii（プヤ・ライモンディイ）について調べていると、経由地であるペルーの首都リマに近い砂漠地帯に、1年に一度忽然と現れるお花畑があるという。そこでパンアメリカン・ハイウェイを北へ向かった。西海岸に沿って広がる荒涼たる砂漠が、見渡す限りのお花畑に変わり、やがて消えるのだという。お花畑はロマスと呼ばれている。

　1年を通じて、ほとんど雨の降らない海岸部の砂漠に、海上で発生した海霧（ガルーア）が風に乗ってやってきて地面を潤し、植物たちを芽吹かせ、花を咲かせる。ロマスが現れるのは、冬から春にかけてだが、8〜9月の早春はガルーアが特に濃いのだという。

　道が崖状の少し小高い場所にかかると、突然周囲が濃い霧に包まれた。視界は10㍍もない。霧が切れると、紫色の小さな花が道路際に点々と咲いているのが見えた。車を止めてみると、砂地にナス科のSolanum pinnatifidum（ソラヌム・ピンナティフィドゥム）が、まばらながら広範囲に群生していた。どれも水滴をいっぱいつけた花を多数重たげにぶら下げていた。

　ロマスの保護区であるロマス・デ・ラチャイ国立公園は、リマからハイウェイを100㌔ほど走り、そこから5㌔ほど山間部へ向かった場所にあった。公園内にはさまざまな散策路があり、そのなかのひとつを選んで歩いてみた。谷をトラバースしながら進むと、小道にはキク科、ナス科、シソ科など、数多くの種類の花々が、霧に濡れながら咲いていた。公園全体を濃い霧が包んでいた。

　尾根筋へ出ると霧はいくらか薄くなり、シレンゲ科のLoasa urens（ロアサ・ウレンス）の黄色い花で埋め尽くされた大群落が広がっていた。「刺蓮花」という科名にふさわしく、全草棘だらけで、撮影中不用意に触れてしまい、手首にチクッと痛みが走った。こすると次はかゆみに襲われた。

　リマ滞在4日目は、南へ80㌔ほどのマーラという町までドライブ。マーラ郊外の砂漠では、パイナップル科のTillandsia latifolia（ティランドシア・ラティフォリア）が砂の上に無造作に生えていた。根が退化しているので、地中から水分を吸収できず、葉から空気中の水分を取り入れて育つ。「ティランドシア・ロマス」といって、これもロマスの仲間である。中心にある花穂の先端には、ごく小さな赤紫色の花が咲いていた。

ロアサ・ウレンス。尾根筋に出るとこの花が群生していた。整然として、まるで野菜畑のようだった

ソラヌム・ピンナティフィドゥム。霧の切れ目をねらって撮影。もう少し密生した場所はないかと探したが、どこでも微妙に離れて咲いていた

①ロアサ・ウレンスの花
②ソラヌム・ピンナティフィドゥム。スイカに似た葉が特徴的
③不明種（シソ科?）。ロアサ・ウレンスの群落の一角を占めていた
④ティランドシア・ラティフォリア。砂丘で見られた植物はこれだけだった
⑤ティランドシア・ラティフォリアの花はごく小さく、長さは1㌢もない
⑥⑦今回歩いたロマスは、いわゆる「草原ロマス」と呼ばれる場所。生育する代表的な植物のひとつ、ノラナ科はナス科に近縁で、チリからペルーの海岸とガラパゴス諸島に分布する
⑥ノラナ属の一種（ノラナ科）。ナス科に近縁とされている。花を見るとなるほどと思える
⑦ノラナ属の一種（ノラナ科）

左、バユナラフ峰、右はランラパルカ峰。夕方、ワラスのホテルより

左からワスカラン北峰と南峰、右はチョピカルキ峰。早朝、ワラスのホテルより

ペルー日記

ブランカ山群の登山基地ワラス

ロマスのため滞在したリマを出発してワラスへ向かう。この日のガイドは、バッツィオという男性。道中の案内だけのようだが、奥さんが沖縄出身ということで話がはずむ。海沿いの道を北へ200㌔ほど行ったパラモンガという町で昼食。ペルーの代表的料理、セビッチェを勧められた。カルパッチョのようなもので、なかなか美味しかった。

パラモンガから東へ山間部に入り、しばらく行くと、ある村で祭りに出合った。男性たちはビールを飲んで談笑し、スカートを何枚も重ねた民族衣装を着た女性たちが楽しそうに踊っている。これはなんの祭りかと聞くと、何かの祭りというわけではなく、村の一人の男がビールと食事代を負担して開催しているそうで、持ち回りでときどき行われるのだという。ワラスの少し手前の古い町では闘牛をやっていた。

パラモンガから150㌔ほど走り、夕方、標高3028㍍のワラスに到着した。ワラスは北にペルーアンデスの最高峰ワスカランを望む登山基地の町。ここを中心にPuya raimondii(プヤ・ライモンディ)を探し、周辺の山々をトレッキングした。ドライバーはそのまま、バッツィオはリマに戻っていった。ほどなくして、トレッキングガイドが打ち合わせにやってきた。

プヤ・ライモンディの群生地カルパからフアラパスカ峠

ワラスの東側、ワスカラン峰を含む南北に連なる山々は、ブランカ山群と呼ばれている。ワラスの南東、プヤが群生する標高4200㍍のカルパまで車で行き、高台にテントを張って3日間、その周辺を歩き回った。スタッフは現地ガイドのビクトリーノじいさん、ガイドのマルコ、他にコック、ポーターなど総勢5人の物々しさだ。テントが6張りで、ヨーロッパ人が持ち込んだスタイルがここでも定着している。

キャンプ地は、現地でイチュと呼ばれるStipa属のイネ科植物におおわれた広大な草原で、木本類はほとんど生えていない。朝夕はプヤ・ライモンディを中心に撮影し、昼間の時間帯は周辺の草本類を探したが、見るべき植物はキク科の4〜5種くらいで、他はほとんど見られなかった。

プヤ・ライモンディが生えている草原は羊の放牧地のようで、簡素な小屋があった。小屋の屋根、梁、柱や扉に、黒くなった乾燥したプヤの花茎が使われていた。放牧の季節ではないのか、人の姿も羊も見えなかった。

カルパ周辺には、他に見るべき植物が少ないので、なにかないか

ヤンガヌコ湖の北から見たワンドイ峰

コパ峰。オンダ峠付近から

左からワスカラン南峰と北峰。ヤンガヌコ湖の北の峠より南を望む

1週間過ごしたブランカ山群での取材を終えて、ワラスを離れる日、パチャコト付近の草原で車を止めた。振り返るとブランカ山群の山々が遠くに長く連なっていた

ペルー共和国●ブランカ山群

パチャコト～カルパ付近で見た花々
①不明種（キク科）
②Werneria nubigena？（キク科）。キャンプサイト周辺の少し湿った場所で多く見られた。花の直径は5㌢ほどと大きく、花弁の裏が赤い
③不明種（キク科）
④Chuquiraga spinosa（キク科）。開花前。木本、葉先に鋭い棘がある
⑤Opuntia flocossa（サボテン科）。乾燥した岩場に生えていた
⑥Puya angusta？（パイナップル科）。プヤ・ライモンディと同じ科だが、こちらは高さ1㍍ほどと小さい
⑦Bomarea dulcis（ユリ科）。花は長さ4㌢ほど、とても可愛らしい

標高4800㍍のフアラパスカ峠は奇妙な植物たちでいっぱいだった。湿原で島を作るイグサ科のDistichia muscoides（ディスティキア・ムスコイデス）

と車でフアラパスカ峠（4800㍍）へと標高を上げてみた。そこは植物が生きられる限界点のような場所だった。尾根筋に沿って、岩混じりの礫地を少し登ってみると、いかにもあやしげな姿の植物たちと出合った。ロゼット状だったり、クッション化していたり、ほとんどが地べたに這いつくばるように生えていて、いわゆるよく見る普通の形をしたものはほとんど見られない。黄色い花を咲かせているのが、かろうじてキク科かなと思わせるくらいで、科名すら分からないものばかりだ。湿原ではクッション化したイグサ科のディスティキア・ムスコイデスが、小さな丸い島を点々と作っていた。車で急速に高度を上げたため、吐き気や頭痛に襲われ、もうろうとしながらも同じ場所でかなりの種類を撮影した。

フアラパスカ峠で見た植物
①ディスティキア・ムスコイデスの花。フアラパスカ峠で
②科・属・種名ともに不明
③不明種（キク科）
④Werneria dactylophylla（キク科）
⑤不明種（キク科）
⑥不明種（キク科）
⑦Stangea henricii（オミナエシ科）
⑧Valerina globularis（オミナエシ科）
⑨Gentiana sedifolia？（リンドウ科）
⑩Notoriche属の一種（アオイ科）
⑪Notoriche属の一種？（アオイ科）
⑫不明種（マメ科）
⑬Ephedra americana var. rupestris（マオウ科）

ペルー共和国●ブランカ山群

早朝のオルコンコチャ湖。湖上部のキャンプサイトより

ヤンガヌコ湖周辺トレッキング

　ヤンガヌコ湖は、ワスカラン国立公園内にある氷河湖。ワスカラン国立公園は、ユネスコの世界自然遺産にも登録されている。ラン科、パイナップル科などの植物が多く見られるという、湖の下部の谷筋のトレッキングコースを歩いた。川岸に生えた木々に、パイナップル科のTillandsia属（ティランドシア）と思われる植物が鈴なりに寄生していた。岩場ではラン科のMasdevallia amabilis（マスデヴァリア・アマビリス）がユニークな形をした赤い花を咲かせていた。

　この日からガイドが女性のベロニカに替わる。あとで分かるがビクトリーノじいさんの娘だった。この日は湖近くで、家畜を飼うために石囲いされた中にテントを張った。広々とした気持ちのよい場所だった。

①②パイナップル科のTillandsia fendleri var. reducta（ティランドシア・フェンドレリ・レドゥクタ）
①岸壁に張りついていた
②宿主をおおい尽くしていた
③Polylepis属の一種（バラ科）。この仲間はアンデス特産種で、現地名ケノアール。標高5000mを超える高地に生えることでよく知られている。ごつごつとした肌色の木肌はダケカンバによく似ている
④Gynoxys属の一種（キク科）
⑤Gaultheria属の一種（ツツジ科）
⑥Passiflora trifoliate（トケイソウ科）
⑦Lupinus weberbauerii（マメ科）
⑧Lupinus属の一種（マメ科）
⑨不明種（オトギリソウ科）
⑩Odontoglossum rigidum（ラン科）
⑪Bomarea albimontana（ユリ科）

(左)ラン科の不明種。(右)マスデヴァリア・アマビリス。なんともユニークな形のラン。岩の間にひっそりと咲いていた。ヤンガヌコ湖付近で

ペルー共和国●ブランカ山群

リマリマ——「ゲゲゲの鬼太郎」の目玉おやじそっくりの花

　Puya raimondii（プヤ・ライモンディ）の撮影を終え、ワラスのホテルのロビーで小さな植物図鑑を眺めていたら、1枚の花の写真が目にとまった。球形をした深紅の花で、真ん中に黄色い目玉のような大きな雌しべがある。「ゲゲゲの鬼太郎」の目玉おやじのようだ。こんな花は今まで図鑑でも見たことがない。すっかり魅せられてしまった。ホテルの女主人に聞いてみると、地元の人たちにはなじみ深い花で、キンポウゲ科の Krapfia weberbauerii（クラプフィア・ウェベルバウエリイ）。現地ではリマリマと呼ぶ。リマリマはインカ語で"speak speak"の意味。子供がある年齢になっても話すことができなかったら、この花で舌か口を優しく叩くと、話すことができるようになる、といういわれがあるという。生育地は標高4100～4500㍍付近、花期はちょうど今頃と聞いて、なにがなんでも見たくなった。しかし、知名度があるとはいえ、咲いているのが深山とあって、実際に見たことがある人は少ないらしい。ベロニカに相談してみると、生えている場所を知っている人がいると言う。オープンチケットだったため、帰国を1日延ばして、リマリマが咲いている場所へトレッキングすることにした。

　リマリマの場所を知っているのは、ビクトリーノじいさんだった。谷間に広がる広大な私的コミュニティのゲートを通り抜け、草原をしばらく進み、標高4000㍍の台地でテントを張った。ごくたまにテントの横をトラックが行き来する。夜、灯りのついている建物が遠くに見えた。ここは鉱山なのだという。かつて彼がリマリマを一度見たことがある場所は、ここからさらに標高にして700㍍ほど登った地点だった。

　朝7時、キャンプ地を出発。山岳ガイドの草分け、75歳のビクトリーノじいさんが先頭でペースを作る。柔らかい草地を40分ほど登ると、岩ばかりの道になった。これは、インカ時代からの古道。傍らに大きな石がいくつか倒れていたが、スペイン軍によって破壊された住居の跡だという。4700㍍付近にきたら、前日降った霙をかぶったまま、本当にリマリマが咲いていた。花は直径5～6㌢、草丈は20㌢ほど。華やかに、あでやかに、そして品よく、岩壁に沿って並んで咲いていたのである。

標高4000㍍のキャンプ地、オンダ峠から標高にして700㍍ほど登ったところにリマリマが咲いていた。高度障害による頭痛も忘れて撮影

リマリマ。前日降った雪を少し払ってから撮影した

①リマリマ。現地で買った図鑑によると、クリスマスの花によく使われるとあるが、誰かが採取しに行くのだろうか？ 栽培されているとはとても考えにくい。花の中をのぞいてみると、内側は緑がかった黄色で、目玉の直径は2.5㌢ほど。花は直径5〜6㌢で、写真では見えないが、花の付け根に長さ5㌢ほどの苞のようなものがついている
②Baccharis genistelloides（キク科）
③不明種（キク科）
④Gentianella tristicha（リンドウ科）。倒れた株に直径2㌢ほどの花を咲かせていた
⑤不明種（リンドウ科）
⑥Gentianella weberbaueri（リンドウ科）。岩壁の下に点々と咲いていた。高さ50〜60㌢、鮮やかな赤い花はよく目立った

ペルー共和国●ブランカ山群 257

GUIANA HIGHLANDS

ベネズエラ・ボリバル共和国
ギアナ高地 ロライマ山／アウヤンテプイ

ロライマ山の最終日、強風の中ヘリを待つ。寒さに震えながらの撮影

「植物界のガラパゴス」と呼ばれるギアナ高地のテーブルマウンテン群

　南米に150を超えるテーブルマウンテンが散らばる地域がある。ベネズエラ・ボリバル共和国を中心にガイアナ共和国、コロンビア共和国、ブラジル連邦共和国など6カ国にまたがり、ギアナ高地と呼ばれている。この山々は切り立った崖と平らな山頂をもち、テーブルのような形をしている。地質学的には「楯状地」と呼ばれる、地球上で最古の安定した岩盤からできている。岩盤の比較的脆い部分が長い年月の間、風雨による浸食作用でけずられ、頑丈な部分が残ったため、特異な形をした山となったのである。

　テーブルマウンテンの植物たちは、安定した気候と地質によって、長い年月をかけて独自の進化をとげてきた。その半数以上が固有種というから、ギアナ高地は「植物界のガラパゴス」ともいえよう。

　岩盤の台地は水が浸透しないため、大量の降雨によって栄養分はほとんど流されてしまう。植物にとっては最悪の生育環境である。そんな環境でも生き延びようと、植物はさまざまな工夫をしている。その結果、食虫植物に見られるように、独特の姿形をしているものも多い。

　ギアナ高地へ行こうと、何度か計画を立ててはみたが、その度に頓挫していた。ネックとなったのは現地情報の入手の難しさ、ヘリコプターやセスナ機の手配、植物に詳しい良いガイドの見つけ方、高額な旅行費用などだ。ツアーに参加すれば簡単だが、いかにも日数が足りない。友人などに相談しているうちに、たどり着いたのが、ウベというドイツ人ガイドだった。紆余曲折あったが、すべてを彼にアレンジしてもらうことになった。強烈な個性をもったウベをガイドに、ロライマ山、アウヤンテプイトレッキングを中心にした23日間の取材を行うことができた。

ラパテア科のStegolepis parvipetala（ステゴレピス・パルウィペタラ）。花茎の高さは1㍍ほど。湿った場所のあちこちで群生していた

ロライマ山の最高峰（2810㍍）を背景に、庭園風の湿地帯が広がっていた

水際では水生と陸生の植物が入り混じってにぎやかだ

岩盤上の大きな島で、ツバキ科のBonnetia roraimae（ボンネティア・ロライマエ）が大きく枝を広げていた

小さな浮島では、ラパテア科、ラン科、ホシクサ科などがひしめき合って生え、水際をモウセンゴケ科のDrosera roraimae（ドロセラ・ロライマエ）が囲んでいる

少し高くなった乾燥気味の岩盤上には植物が少ない

ベネズエラ・ボリバル共和国●ギアナ高地　ロライマ山／アウヤンテプイ

ヘリから見たロライマ山

グランサバナと呼ばれる草原。登山基地の村パライテプイ周辺

ロライマ山紀行

　ロライマ山は、ベネズエラ、ガイアナ、ブラジルの3カ国にまたがるテーブルマウンテン。ギアナ高地のなかでも東端に位置しているため、北東から吹く湿った貿易風の影響をまともに受ける。そのため、台地上の気候は極めて不安定で、雨や霧におおわれている日が多く、雨量は年間4000㍉を超える。

　当初、ロライマ山へはヘリで上がり、下りを歩くという計画だったが、予約していたヘリの故障で上りを歩き、下りをヘリで下りることになった。

　サンタエレナのホテルに投宿した翌早朝、暗いうちにウベにたたき起こされた。ずいぶん早起きだと思ったら、朝まで酒を飲んでいて、そのままここへ来たのだと言う。まだ酒臭い。はじめからこれではと心配になったが、仕事さえきちんとしてくれれば問題はない。

　草原の中を通る幹線道路を走るのは我々の車だけ。ウベは時速150㌔近いスピードで、パライテプイの村を目指して北上する。朝焼けがすごい。ゆっくり見たいが、ウベはスピードを緩める気配もない。早く村へ到着しないと、当てにしているポーターが雇えないのだと言う。ポーターたちが狩りへ行く前に捕まえなくてはならない。途中から東への山道に入ると、ロライマ山の登山基地、先住民の人たちが住むパライテプイの村はすぐで、サンタエレナのホテルから1時間ほどで着いてしまった。家々が草原状の丘に散在している気持ちの良い場所だ。村で荷造りをし、登山を開始した。

　通常の登山口より少し先まで車で入って時間を稼ぎ、いわゆるグランサバナと呼ばれるなだらかな草原を、ロライマ山の岩壁を目指してひたすら歩く。壁が間近に迫る辺りから草つきの急登になり、興味深い植物が見られるようになった。ひとりでゆっくりと撮影しながら登っていく。この日のテント場はロライマ・ベースキャンプ、すぐ下に小川が流れる快適な場所だ。登山客のテントが多数設営されていた。ロライマ山がコナン・ドイルの「失われた世界」の舞台になったことはよく知られている。ロライマ山はテーブルマウンテンのなかでも登山者の数は群を抜いて多いのだ。

　垂直に切り立った岩壁を見上げて、明日のルートを探してみるが、どこを登るのかさっぱり分からない。ウベが用意する夕食までの間、テント場の近くを散歩すると、ラン科のEpidendrum sp.（エピデンドルム属の一種）、タヌキモ科の巨大ミミカキグサUtricularia humboldtii（ウトリクラリア・フムボルドティイ）、オトギリソウ科のClusia Grandiflora（クルシア・グランディフローラ）などが見つかった。

　その夜は満月で、夜中の2時頃、天幕を通して差し込む月明かりで目が覚めた。テントを出るとクケナン山の上にある月が岩壁を斜光線で照らし、幾筋にも縦に並んだ岩肌が不気味に青白く光っていた。結局外で2時間ほど撮影してしまった。

　翌朝8時半、ロライマ・ベースキャンプ出発。草つきの急登を登ると、壁の真下へ着いた。トラバース気味の道は案外しっかりしていて、昼頃には台地の上に着いてしまった。

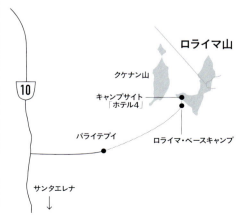

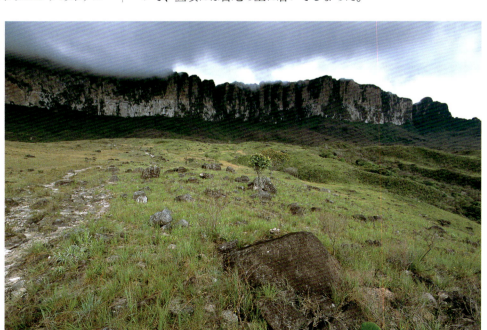
ロライマ・ベースキャンプの下部から見たロライマ山の岩壁

ポーターたちと小休止

①Psammisia urichiand（ツツジ科）。②Clusia grandiflora（オトギリソウ科）。③不明種。④Xyris roraimae（トウエンソウ科）。⑤Brocchinia tatei（パイナップル科）。⑥ノボタン科の一種

ベースキャンプからロライマ山の台地へ上がるには、切り立った岩壁をへつるようにして登らなければならない

ベネズエラ・ボリバル共和国●ギアナ高地　ロライマ山／アウヤンテプイ

広大な日本庭園のようだ

岩棚のキャンプサイト、「ホテル4」

　台地上には大きな岩や池が点在し、その間々に見慣れない奇妙な形をした植物が生えている。これまで見たことのない不思議な景色だ。まず目についたのがラパテア科のStegolepis parvipetala（ステゴレピス・パルウィペタラ）、刃物のような葉がピカピカと光っている。1時間ほど台地を歩いて、「ホテル4」と呼ばれる岩棚にテントを張った。夕方、一瞬晴れて、正面のクケナン山が雲海の上に浮かぶ船のように見えた。

　「ホテル4」に3泊して周辺を歩き回る。もう20年近くギアナ高地でガイドをしているというウベは、ロライマ山の地形を隅から隅まで知り尽くしていて、案内してくれるのは、いわゆる一般ルートとは違う場所だ。結局どこをどう歩いたのか分からなかったが、次々に出てくる美しい庭園風の湿地帯、深い谷底に緑色の水をたたえる大きな池、水晶の谷などなどに驚いていると、ウベはその度に「シークレット・プレイス」とつぶやき、得意げだ。台地の最南端に高くなった岩山があり、そこが最高峰で標高2810㍍。登る途中で小さいカエルOreophrynella quelchii（オレオフリネラ・クエルキイ）を見つけた。

　夜になると風や雨が止み、キャンプサイトは静けさに包まれる。外は満天の星で、月明かりに照らされた岩や植物たちが青白く浮かび上がった。毎夜中、テントから這い出て周囲をうろうろ歩き回ったので、しまいには寝不足になってしまった。

　最終日、強風の中待っていると、チャーターしたヘリがやってきた。すばやく我々を乗せるとすぐに飛び立ち、30分ほどでサンタエレナのホテルのヘリポートに着いた。朝の7時10分だった。

台地まで登り切ると、この景色が待っていた

①Stomatochaeta condensata（キク科）
②Bejaria imthurnii（ツツジ科）
③Gaultheria setulosa（ツツジ科）
④Cyrilla racemiflora（リョウブ科）
⑤Maguireothamnus speciosus（アカネ科）
⑥Comolia villosa？（ノボタン科）
⑦Eriocaulon fraternus（ホシクサ科）
⑧Orectante sceptrum（トウエンソウ科）
⑨Xyris subuniflora（トウエンソウ科）
⑩Connellia quelchii（パイナップル科）
⑪Tillandsia turneri（パイナップル科）
⑫オレオフリネラ・クエルキイ。骨格が未発達なため、跳ねることができず、歩くのもゆっくり。水掻きがないため泳ぐのも下手な原始形態のカエル

ベネズエラ・ボリバル共和国●ギアナ高地　ロライマ山／アウヤンテプイ

多様なラン科の植物たち

　ロライマ山とアウヤンテプイを歩いて植物相を比較してみると、種類の数はアウヤンテプイの方が圧倒的に多い。なかでもラン科が際立っており、ここにあげたほとんどがアウヤンテプイで撮影したもの。ロライマ山で見たランはエピデンドルム属がほとんどで、コケにおおわれた小島の中を観察すると、たいていどこかで開花しているのを見つけることができた。アウヤンテプイの湿った岩盤上では、大きく、見応えのある Zygosepalum tatei（ジゴセパルム・タテイ）、Epidendrum carpophorum（エピデンドルム・カルポフォルム）があちこちで目を引いた。とはいえ、まだよく研究されておらず、名前がつけられていないものも多い。

①〜⑥Epidendrum属（エピデンドルム）
①不明種
②不明種
③E. carpophorum（カルポフォルム）
④不明種
⑤不明種
⑥不明種
⑦Eriopsis biloba（エリオプシス・ビロバ）
⑧〜⑩Oncidium属（オンキディウム）
⑧⑨O. nigratum（ニグラトゥム）
⑩O. warmingii（ワルミンギイ）
⑪Octomeria amazonica？（オクトメリア・アマゾニカ？）
⑫Scophyglottes属の一種（スコフィグロテス）
⑬不明種
⑭Zygosepalum tatei（ジゴセパルム・タテイ）

食虫植物

過酷な条件下で生き延びるために、植物はさまざまな工夫をこらしている。そのひとつが食虫植物である。モウセンゴケ属は、粘液におおわれた葉で、ヘリアムフォラ属 Heliamphora とブロッキニア属 Brocchinia は、筒状の捕虫葉で虫を捕らえ、ウトリクラリア属 Utricularia は、根回りに小さな捕虫嚢を持っている。

①〜③タヌキモ科
①Utricularia humboldtii（ウトリクラリア・フムボルドティイ）。花茎は1㍍近く、花の直径は3㌢と、この仲間のなかでは巨大。パイナップル科のブロッキニアの筒状葉の中に着生する
②Utricularia quelchii（ウトリクラリア・クエルキイ）
③Utricularia 属の一種。グランサバナで
④Drosera roraimae（ドロセラ・ロライマエ）。モウセンゴケ科
⑤⑥サラセニア科
⑤Heliamphora nutans（ヘリアムフォラ・ヌタンス）。捕虫葉の中央部がへこむ
⑥Heliamphora minor（ヘリアムフォラ・ミノル）
⑦Brocchinia hechtioides（ブロッキニア・ヘクティオイデス）。パイナップル科

リベルタドールよりキャンプ地方向を望む。どこをどう通ってきたのかさっぱり分からない

パイナップル科のBrocchinia reducta（ブロッキニア・レドゥクタ）。岩盤上には常に水が流れ、ほとんど土がない。そんな場所で大群生していた

赤みを帯びた岩盤上には常に水が流れている。いつからあるのか、朽ちた木片が絶妙に配置されていた

神の庭

　岩盤上にテントを張って2日目の夕方、GPSを頼りにひとりで散歩に出かけた。わずかに分かる踏み跡を少し外れ、小灌木の藪をくぐり抜けると、突然目の前が開け、長さ50㍍、幅20㍍ほどの小さな湿原が現れた。水の流れる岩盤の上には石や枯木、盆栽のような趣の小島が絶妙に配置されていた。小島の周りはミズゴケにおおわれている。湿原の中央辺りには苔むした朽ち木がころがり、太いものでは根元の直径が50㌢ほどもあり、かつてここが豊かな森林であったことが想像された。全体は完璧に計算された日本庭園のようだった。しかし、この空間に人間の手は入っていない。自然が創りだした美しさに、縁に立ったまましばらく動くこともできなかった。

　問題は中心部まで足を踏み入れた後だった。撮影を終え、そこから出ようとしてあることに気づいた。水の流れていない岩盤の上にあった小さな石を拾い上げたとき、岩盤上にその石の形が日光写真のように白く残ったからだ。もしかしたら、この場所は数百年、数千年、あるいはそれ以上、人が足を踏み入れたことのない場所かもしれない。ここにあるなにひとつ動かしてはならない。なにひとつ傷つけてはならないのだ。しかし、なにかを傷つけずにここから出ることができるのだろうか。

　テプイとは、先住民の言葉で、「神の領域」という意味だという。するとここは「神の庭」なのか。

　入り口から見た神の庭の写真を撮っていないのに気づいたのは帰国してからだった。

ピンクの花はノボタン科の植物、白いのはコケ

遠目には雪景色のようだった

この配置の無駄のなさ、絶妙さ。いかな盆栽の名人でも、こうはいくまい

ベネズエラ・ボリバル共和国●ギアナ高地　ロライマ山／アウヤンテプイ

陽が昇ると霧が晴れ、アウヤンテプイが姿を現した。ウルヤンの朝

ヘリが台地の上に近づくと、この景色

アウヤンテプイ

サンタエレナ〜ウルヤン、そしてベースキャンプ「ボネティア」へ

 ロライマ山から下山した翌早朝、ホテルのヘリポートから再びヘリに乗った。もう1泊して休む予定を、天候の条件がいいからとウベが突然変更したのである。1時間少しでアウヤンテプイ南麓の登山基地、ウルヤンに着いた。アウヤンテプイを仰ぎ見る麓に数軒のコテージが並んでいる。一帯には人の気配がなかったが、コテージのひとつをウベが開けていると、遠くから人が歩いてきた。コテージを管理する人で、ポーターたちは我々が明日やってくると思って、狩りに出かけてしまったらしい。後から荷を運んでくれるよう指示し、我々は再びヘリに乗り込んだ。

 ヘリがアウヤンテプイにさしかかると、その大きさがよく分かった。岩だらけの殺伐とした風景を想像していたが、谷筋は深い緑におおわれ、樹林帯が広がっている。岩棚の上を舐めるように低空飛行し、ウベが「ボネティア」と名づけたベースキャンプに9時半頃到着した。

 テントを張って、軽く昼食をとった後、下部の森林帯を散策した。森林帯というが、高さはせいぜい3〜5㍍の小灌木の森で、大きな岩がゴロゴロしている。その間を下っていくと不思議な場所に出た。水が流れる岩盤の上にコケにおおわれた小さな小島が点在し、その小島にはさまざまな植物が彩りよく生えている。ウベが、「秘密の花園」「ランの園」と名づけた場所を次々に案内してくれる。人の匂いがまったくしない。見るものすべてにレンズを向けたくなるが、この日はポイントをGPSにおとしながら、観察することにのみ集中した。

 ここはどうしてもひとりでじっくり撮影する必要があると考え、「ボネティア」に4泊している間、朝夕時間が空くと訪れて撮影した。「ランの園」には花が直径10㌢ほどもある、ウベが飛行機と呼んでいるEpidendrum carpophorum（エピデンドルム・カルポフォルム）をはじめとするこの属の仲間やEriopsis属（エリオプシス）などが、数多く花を咲かせていた。

 夜、テントから出ると満天の星。ロライマ山と同じように、日中の半分は霧におおわれ、雨が降るが、夜になると回復する。欠けはじめた月を見てふと思った。この台地上にいるのは、もしかしたら我々3人だけかもしれない。もしそうなら、このような場所が地球にまだ残っていることを、そこにいられる幸運を感謝しなくてはならない。

ベースキャンプ「ボネティア」〜キャンプサイト「エルペノン」

 朝、「ボネティア」のテントを撤収し、南端の下山口、リベルタドールを目指す。タヌキモ科のUtricularia humboldtii（ウトリクラリア・フムボルドティイ）、パイナップル科のBrocchinia reducta（ブロッキニア・レドゥクタ）などの食虫植物が生えている湿原を歩き、際どい岩場をトラバースして3時間ほどでリベルタドールへ着いた。振り返ると絶景が広がっていた。しかし、どこを歩いてきたのかさっぱり分からない。

 ここからの下りはいきなり垂直になり、ロープを使って岩壁を下

比較的乾燥した尾根筋には小灌木帯が広がる

地元で雇ったポーターに川の名を聞くと、どの川もチュルン川と答えた

ウベが案内してくれた「ランの園」。ピンク色のEpidendrum属(エピデンドルム)が可愛らしい

エピデンドルム・カルポフォルム

最初は地衣類、コケが小さな島を作る

ウベのお気に入り「秘密の花園」の一角で

ベネズエラ・ボリバル共和国●ギアナ高地　ロライマ山／アウヤンテプイ

①Spathelia ulei（ミカン科）。形状からヤシの仲間と思ったが、ミカン科と判明。高さ10メートルほどのものもあり、テプイ上のあちこちの谷間から頭を出していた
②Clusia sessilis（オトギリソウ科）
③Eriocaulon属の一種（ホシクサ科）
④Ayensua uaipanensis（パイナップル科）
⑤Orectanthe属の一種（トウエンソウ科）
⑥Elaphoglossum wurdackii（オシダ科）。植物らしからぬ色をしている
⑦不明種
⑧不明種
⑨不明種

リベルタドールからの下り。岩壁の間のわずかに残る踏み跡をたどって

①Psychotria poeppigiana（アカネ科）。②Monochaetum bonplandii（ノボタン科）。③Clusia columnaris（オトギリソウ科）。④Xyris spruceana（トウエンソウ科）

る場所がいくつかあった。ウベが「気をつけて！」と叫ぶが、そう言いながら、自分も何度も足を滑らせていた。大岩壁に囲まれ、シダにおおわれた切り通しのような谷に出た。濃い霧がたちこめ、恐竜でも出てきそうだ。急な下りが一段落したら、今度は木の根をまたぎながらの岩壁に沿ったトラバースが延々と続き、午後3時半、岩棚のキャンプサイト、「エルペノン」に着いた。岩のくぼみだが、10張りほどのテントが張れそうな、広くて快適な場所だった。

キャンプサイト「エルペノン」〜「グアヤラカ」

　テプイを見下ろすと階段状になっていて、目的地ウルヤンまでは急な下り、平坦な道歩きを3回繰り返すことが分かる。この日は急な下りの後、平らな気持ちの良い草原に出た。その後、樹林帯の中を標高にして500㍍ほど下り、見渡す限り平らなサバンナに出た。爽やかな風が吹きわたっている。所々湿地があり、オトギリソウ科のClusia sp.（クルシア属の一種）が、ポツンポツンと咲いている。ウベに確認をとり、この辺りからひとりで撮影しながら進むことにした。キャンプサイト「グアヤラカ」は標高1000㍍、小川の畔に、屋根だけの小さな小屋があった。夜、漆黒の闇の中から、犬を連れ、銃を担いだ男たちが突然現れた。狩りをする人たちだった。

キャンプサイト「グアヤラカ」〜ウルヤン

　草原状の場所をしばらく歩いた後、ゆるいだらだらとした岩尾根を下る。下には緑が広がっている。再び草原になり、川を渡ると迎えの車が待っていた。

　外がいくら暑くても、厚い土壁に高い天井のコテージは驚くほど涼しい。静かなウルヤンをすっかり気に入ってしまった。アウヤンテプイからカナイマ側に流れ落ちる、落差979㍍のエンジェルフォール見物をキャンセルして、ウルヤンでの滞在を延ばし、上部の滝壺で泳いだり、カバックのサンタマルタ村に行ったりして、旅の疲れをとった。

ウルヤン〜カナイマ〜カラカス

　早朝、裏の森で大きなコンゴウインコが騒ぐ声で目覚めた。外へ出ると、アウヤンテプイが朝焼けに赤く染まっていた。村々は陸の孤島のようで、そのため、セスナ機がタクシーのような役目をする。10時頃、チャーターしたセスナ機が迎えに来てカナイマへ。カナイマは観光地で、人が多い。2泊し、空路シウダード・ボリバル、陸路をプエルト・オルダス、そこから再び空路カラカスへ。アトランタ経由で23日間の旅を終えた。

快適な宿で、3泊してしまった

サンタマルタ村で

サンタマルタ村で

あとがき

友人に「社会性がない」といわれたことがある。いわれるまでもなく、わがままな、こらえ性のない性格は自認している。おまけに飽きっぽい。ただし、好きなことにはのめり込む。だから、単独で動く「植物写真家」は私の天職といえよう。というより、他のことに手を出してもうまくいくかどうか。そこで、私は「植物写真家」であり続けねばならず、シャッターを押すことに飽きてしまうことへの恐怖心をあえてもち続けている。

では、海外に行きはじめたのは、国内での撮影に飽きてしまったからか、といえばそうでもない。同じ場所に繰り返し行ったとしても、必ず新しい発見があるのだから。しかし、海外には別の「面白いもの」があることに気づいてしまったことも確かである。

思いつきで動くのも悪い癖で、テレビを見ていて、面白そうな植物が映っているとすぐにでも見たくなり、翌日、妻に旅の手配を頼む、といった調子である。しかし、あるとき、ヒマラヤのトレッキング中、体調不良となり、ばててしまった。そして、自分の年齢に気づいた。動けるうちに極地、高度のある場所、行きにくい所からつぶしていかなければ、やがて「行けない」場所が出てくる。その頃から漠然と、この本を作ろう、と思いはじめた。

昨年の初夏、友人たちとブータントレッキングに出かけた。標高5000㍍近い峠を2つも越えるハードな行程だったが、まだまだ大丈夫という自信をもてた。世界には行きたい場所、見てみたい花がたくさん残っている。ということで旅は続くが、これまで見てきたとんでもない植物たちを、ここでいったんひとまとめにしたのが本書である。

場所場所で出合った植物たちは、実際に目の当たりにしてみると、その巨大さ、異形ぶり、生活形態は想像をはるかに超えていた。それらに対峙し、シャッターを押すにあたっては、ドキュメント（記録）に徹することにした。つまり、私の師、故冨成忠夫の言葉を借りれば、「在るがままが一番美しい」という視点を心がけた。

取材にあたっては、多くの方々にお世話になった。今回取り上げた取材地のうち、南アフリカとケニア山はツアーに参加しての撮影行だったが、人数も少なく、思ったよりはゆっくりと、実りある取材ができた。主催者で添乗もつとめ、写真家でもある冨山稔氏の豊かな経験と、彼が厳選した講師によるところが大きい。

ジョン・マニング（John Manning）氏による2回の南アフリカツアーでは、その場で種名を同定でき、この本のためにあらためて再確認をお願いした。3回目の南アフリカは、多肉植物に詳しい宇野善則氏が講師のツアーで、そのとき撮影した植物の同定もしていただいた。

ケニア山は植物学の権威、東京大学名誉教授の大場秀章氏が講師という贅沢さで、植物に関するかみ砕いた説明は分かりやすく、面白い講義をうけているようだった。夜中に山小屋で騒ぐ欧米人を静かに一喝されたのは痛快だった。また、締め切り間際になって、引き受け手がないまま、最後まで残ったギアナ高地とペルーの植物の同定をお願いしたが、十分な時間もなく、この周辺は資料もなく、ご多忙なところ申しわけないことをしてしまった。それでもこの2カ国がほとんど不明種になることを避けることができた。

ペルーでのガイド、ベロニカ・アンヘレス・クルス（Veronica Angeles Cruz）氏もいくつか同定してくれた。

ナミビアのクリストファー・ハインズ（Christopher Hines）氏は、植物ガイドとドライバーを兼ね、たった3日間だったが、これ以上ない充実した取材のサポートをしてくれた。

2回のマダガスカル取材では、東京情報大学教授・一般財団法人進化生物学研究所主任研究員の吉田彰氏にすべてを相談し、アドバイスをいただいた。おかげで最強のガイド、横山利光氏、ファーリ先生ことルーシエン・ファーリニアイナ（Lucien Faliniaina）氏との成果ある楽しい取材ができた。吉田氏とファーリ先生には植物の同定をお願いし、吉田氏にはマダガスカルの最終的なチェックもしていただいた。現地エージェントのスタッフ、ランジアナスル・ジャン・リシャール（Randrianasolo Jean Richard）氏には動物の同定をしていただいた。

学名の日本語読みについては、元朝日新聞社『週刊朝日百科 植物の世界』編集長の八尋洲東氏にご教示いただいた。

ギアナ高地は、食虫植物に精通している柴田千晶氏に相談し、ガイドのウベ・ノイマン（Uwe Neuman）氏へとつながった。ペルー取材では、友人でもある写真家の高野潤氏に数々のアドバイスをもらった。

パタゴニアは、インターネットで見つけたアルゼンチンの旅行社が、チリとアルゼンチンを行き来するややこしい行程を、完璧にアレンジしてくれた。サン・カルロス・バリロチェでは冨山氏推薦の好青年、写真家でもあるファクンド・ホセ（Facund Jose）氏にガイドをしてもらった。

とっかかりのなかったソコトラ島行きは、「イエメンへ」というホームページにたどり着いたことで一気に実現した。ページを開いている新開美津子氏はアラビア語の先生で、夫の新開正氏と毎年ソコトラ島を訪れている。多くの情報とアドバイスをいただき、植物の同定もしていただいた。花の季節が限定されるので、ソコトラ島でご一緒できたこともあった。ちなみに、ソコトラ島は中東のイエメンに属しているが、アフリカに近く、文化もイエメン本土と異なる独自性をもっていることから、この本に収録した。島でのガイドはインターネットで探した環境団体の紹介で、サミ・モハメッド（Sami Mohammed）氏にお願いした。純朴な勉強家で熱心にガイドしてくれたので、旅行社のスタッフとなっていた彼に2年目もお願いしたら、別人のようで戸惑った。1年の間に何があったのか。まるで、夏休みが過ぎたら不良になっていた中学生のようで、取材がスムーズにいかないこともあったが、ドライバーが気を遣って助けてくれたりした。こういうことも終わってみれば旅の懐かしいエピソードで、各国のドライバー、ポーター、コックの皆さんにもお世話になった。

この本の企画を始めたのは8年前、同じ年齢で友人であり、山と渓谷社で処女出版から私の本を作り続けてくれた編集者、川畑博高氏に相談してからである。定年退職したばかりの彼は、出版界の不況で版元が決まらないうちから、写真を組んでは解体し、を繰り返し、根気よく丹念に作業を続けてくれた。彼がいなかったら、この本はできなかった。

難しい時代に出版の機会を下さり、4～5年にわたり辛抱強く編集にお付き合いいただいた平凡社の西田裕一氏、大石範子氏、幸運な出会いだったデザイナーの美柑和俊氏、膨大な数の校正をしていただいたアンデパンダンのスタッフの皆さん、フィルムとデジタルが混ざる煩雑さに対応して下さった東京印書館の久山めぐみ氏、製版ディレクターの高柳昇氏に心より感謝いたします。

最後に、好き勝手な生き方を容認してくれた両親、そしてほぼすべての旅の手配から添乗員、助手として同行してくれた妻の久美子に感謝。彼女なしではこれらの取材は成り立たなかった。

著者紹介　木原 浩（きはら ひろし）

1947年、東京に生まれる。1969年大学中退後、山岳写真家白川義員氏の助手として半年間ヒマラヤに同行。1970年に植物写真家冨成忠夫氏の助手になる。1976年、山と溪谷社より『野外ハンドブック 1 山菜』（共著）出版を契機に独立。以後、野生植物を中心に撮影、図鑑をはじめとする単行本、雑誌、カレンダー、切手など、多彩な仕事で今日に至る。

装丁・レイアウト・DTP・地図	美柑和俊＋MIKAN-DESIGN
製版指導	髙栁 昇
校正	株式会社アンデパンダン
編集	川畑博高

使用した撮影機材

ボディ（キヤノン）
EOS-1
EOS-1N
EOS-1v
EOS 5D
EOS 5D Mark II
EOS 5D Mark III

レンズ（キヤノン）
TS35mm F2.8
EF16-35mm F2.8L USM
EF16-35mm F2.8L II USM
EF17-35mm F2.8L USM
EF20-35mm F2.8L
EF50mm F2.5 コンパクトマクロ
EF100mm F2.8 マクロ
EF100mm F2.8L マクロ IS USM
EF180mm F3.5L マクロ USM
EF70-200mm F4L IS USM
EF300mm F4L USM
TS-E17mm F4L
TS-E24mm F3.5L
TS-E45mm F2.8
TS-E90mm F2.8
EXTENDER EF1.4x

レンズ（タムロン）
SP90mm F2.5 マクロ
SP90mm F2.8 Di マクロ

フィルム
コダック　エクタクロームEPR
フジ　フジクロームRDP
フジ　プロビア100F

三脚
ジッツオ　468L
ジッツオ　GT2542L

世界植物記

アフリカ・南アメリカ編

発行日	2015年3月13日 初版第1刷 2018年1月11日 初版第3刷
著者	木原 浩
発行者	下中美都
発行所	株式会社 平凡社 東京都千代田区神田神保町3-29 〒101-0051　振替00180-0-29639 電話 03(3230)6582[編集]　03(3230)6573[営業] ホームページ http://www.heibonsha.co.jp/
印刷	株式会社 東京印書館
製本	大口製本印刷株式会社

ISBN978-4-582-54253-0　NDC分類番号472
菊倍変型判（30.3cm）　総ページ288
© Hiroshi KIHARA 2015　Printed in Japan
落丁・乱丁本のお取替えは、直接小社読者サービス係までお送りください（送料は小社で負担いたします）。